안쌤의 사고력

시계 퍼즐

Contents

Unit

01

시계 보기

| 측정 |

시계를 보는 방법을 알아봐요!

시계 알아보기 | 측정 |

시계의 빈칸에 알맞은 숫자를 써넣어 보세요.

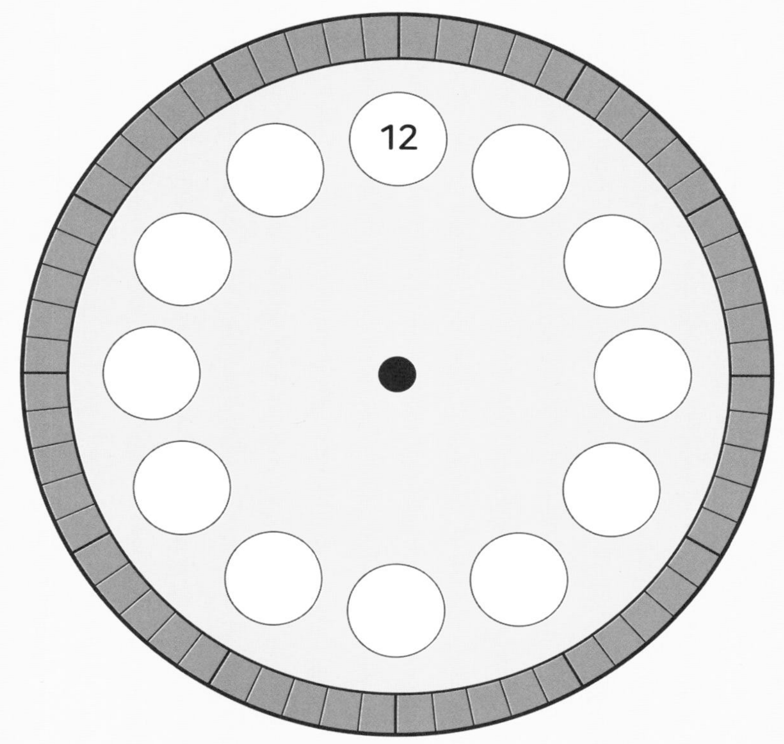

◉ 시계에는 1, 2, 3, …, 10, 11, [   ] 이/가 일정한 간격으로 적혀 있습니다.

◉ 시계에는 1부터 12까지 (↺ , ↻) 방향으로 숫자가 적혀 있습니다.

안쌤 Tip

시계의 짧은바늘은 '시', 긴바늘은 '분'을 가리켜요.

시계를 보고 시각을 읽어 보세요.

◉ 짧은바늘은 11을 가리키고, 긴바늘은 12를 가리킬 때

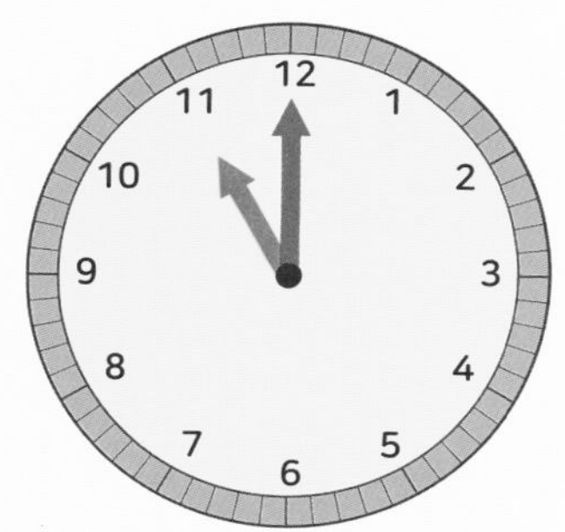

→ 시계가 나타내는 시각은 ☐ 시입니다.

◉ 짧은바늘은 12와 1 사이를 가리키고, 긴바늘은 6을 가리킬 때

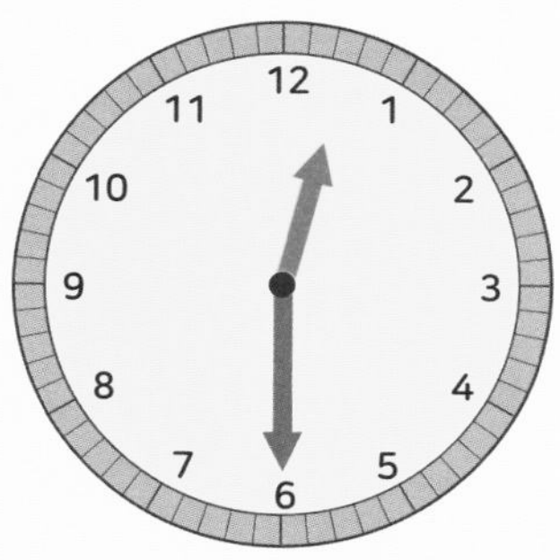

→ 시계가 나타내는 시각은 ☐ 시 ☐ 분입니다.

Unit 01

정답 ≫ 86쪽

시곗바늘 그리기 | 측정 |

주어진 시각에 맞게 시계에 시곗바늘을 그려 보세요.

◉ 긴바늘(→) 그리기

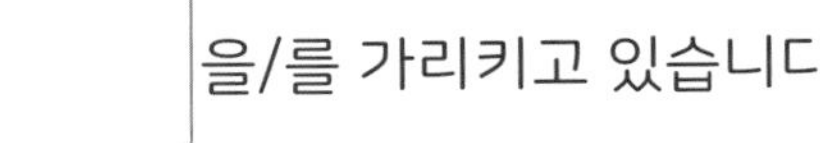

→ 몇 시 30분일 때 긴바늘은 [   ] 을/를 가리키고 있습니다.

◉ 짧은바늘(⟶) 그리기

→ 7시 30분일 때 짧은바늘은 7과 8 [ ] 에 있습니다.

정답 ≫ 86쪽

9시부터 3시까지 순서대로 길을 찾아보세요.

9시 → 10시 → 11시→ 12시 → 1시 → 2시 → 3시

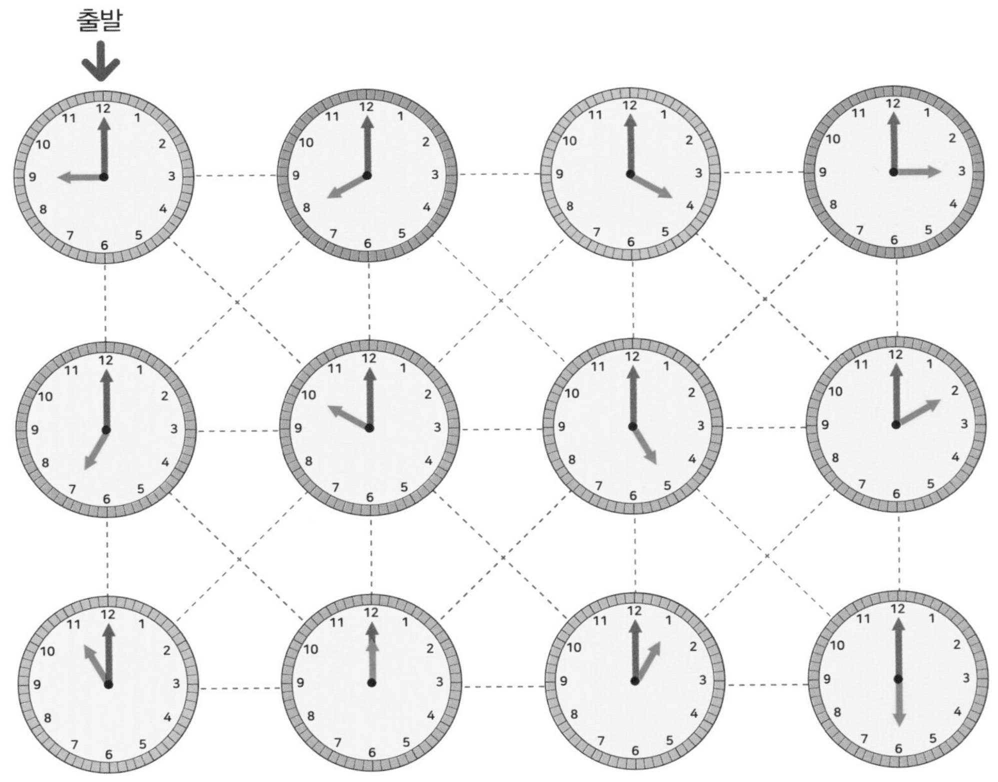

다음은 어느 날 방과 후에 친구들이 도서관에 도착한 시각을 나타낸 것입니다. 도서관에 세 번째로 일찍 도착한 사람에 ○표 해 보세요.

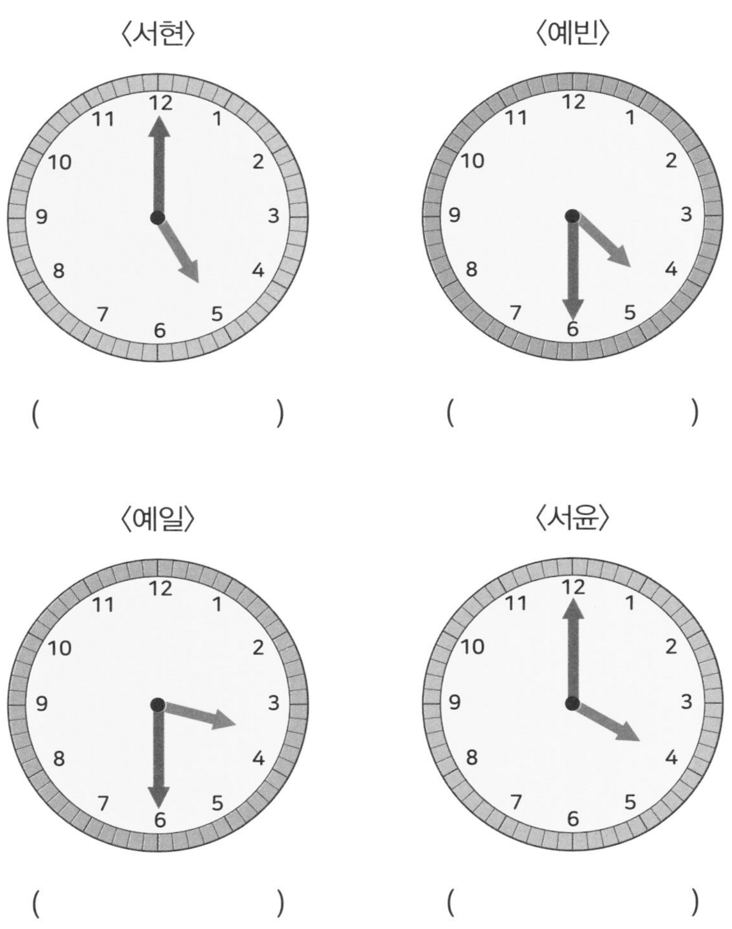

( )　( )

( )　( )

Unit 01

정답 » 87쪽

Unit 01

04 긴바늘 돌리기 | 측정 |

6시를 가리키는 시계의 긴바늘을 오른쪽으로 한 바퀴 돌렸습니다. 이때 시계가 나타내는 시각에 맞게 시계에 시곗바늘을 그리고, 시계가 나타내는 시각을 읽어 보세요.

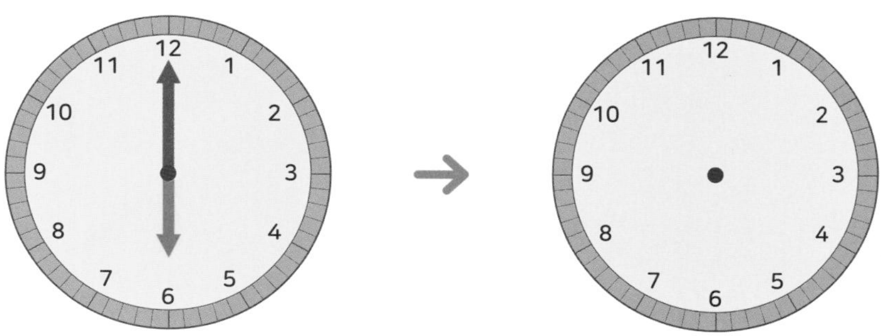

⊙ 6시일 때 시계의 짧은바늘은 ☐ 을/를 가리키고, 긴바늘은 ☐ 을/를 가리킵니다.

⊙ 위 시계의 긴바늘을 오른쪽으로 한 바퀴 돌리면 긴바늘은 ☐ 을/를 가리킵니다. 이때 짧은바늘은 ☐ 을/를 가리킵니다.

→ 시계가 나타내는 시각은 ☐ 시입니다.

안쌤 Tip

긴바늘이 한 바퀴 도는 동안 짧은바늘은 숫자 눈금 한 칸만큼 움직여요.

짧은바늘은 2와 3 사이를 가리키고, 긴바늘은 6을 가리키는 시계가 있습니다. 물음에 답하세요.

◉ 시계가 나타내는 시각에 맞게 시계에 시곗바늘을 그려 보세요.

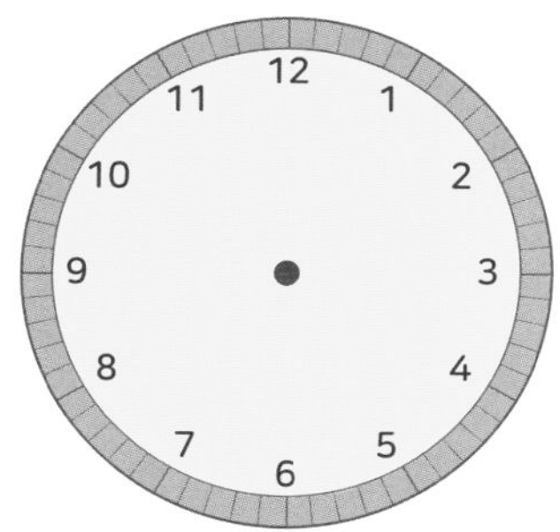

◉ 위 시계의 긴바늘을 반 바퀴 돌린 후 한 바퀴를 더 돌렸습니다. 이때 시계가 나타내는 시각에 맞게 시계에 시곗바늘을 그려 보세요.

⟨반 바퀴 돌렸을 때⟩

⟨한 바퀴 더 돌렸을 때⟩

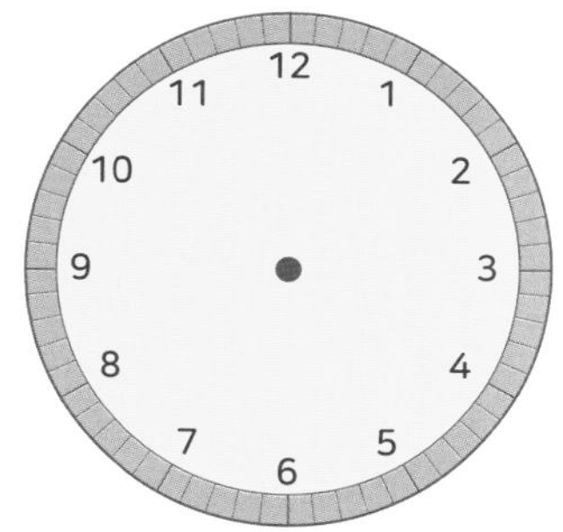

정답 ≫ 87쪽

5분 단위의 시각

| 측정 |

5분 단위의 시각을 알아봐요!

5분 단위의 시각 | 측정 |

시계에서 각각의 수가 몇 분을 나타내는지 써넣고, 시계가 나타내는 시각을 읽어 보세요.

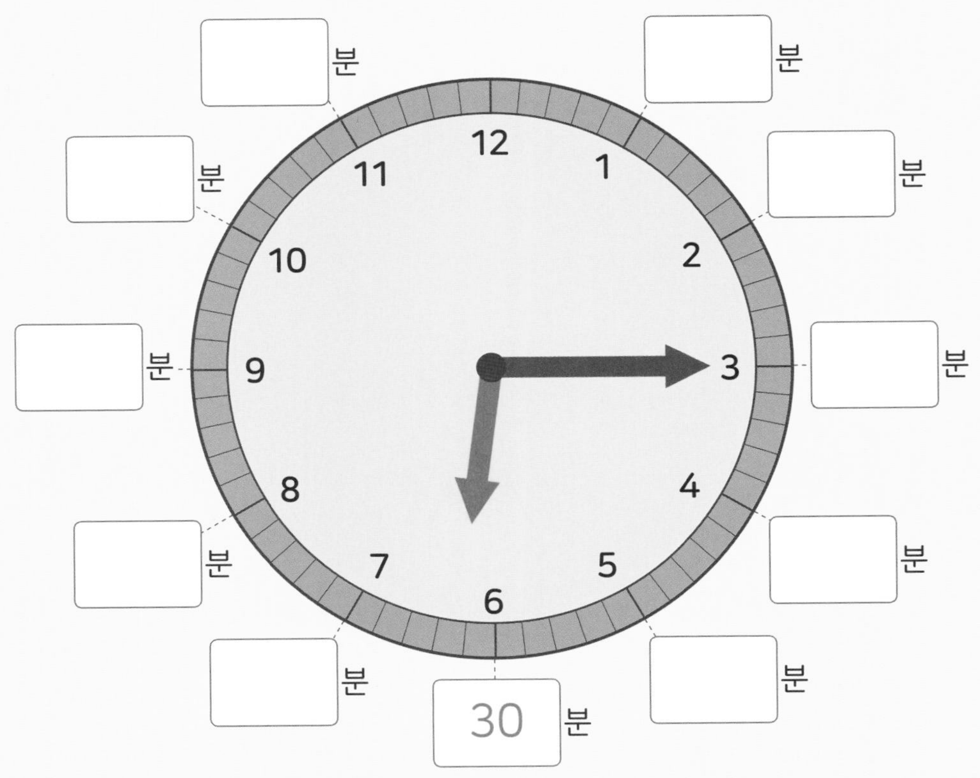

→ 시계가 나타내는 시각은 ☐ 시 ☐ 분입니다.

주어진 시각을 바르게 나타낸 시계를 찾아 ○표 해 보세요.

◉ 10시 25분

( )

( )

◉ 9시 40분

( )

( )

Unit 02

정답 » 88쪽

몇 분 후의 시각 | 측정 |

왼쪽 시계에서 몇 분 후에 오른쪽 시계가 되는지 빈칸에 알맞은 수를 써넣고, 시계가 나타내는 시각을 읽어 보세요.

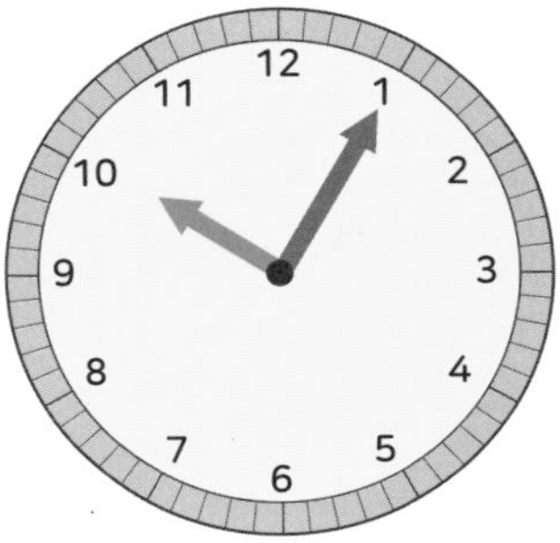

10시 5분 → ☐ 분 후 → ☐ 시 ☐ 분

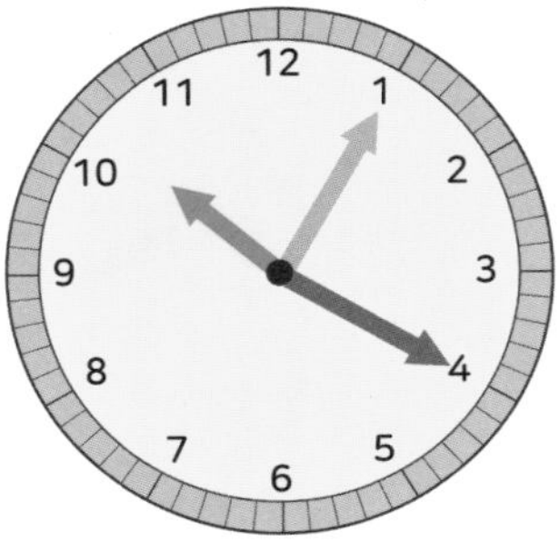

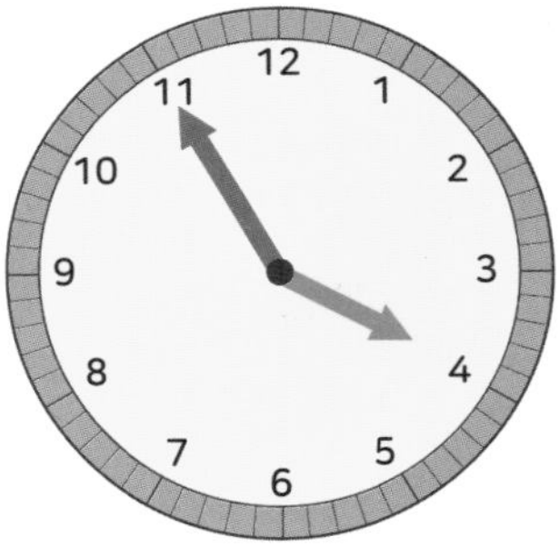

3시 55분 → ☐ 분 후 → ☐ 시 ☐ 분

왼쪽 시계의 시각에서 주어진 몇 분 후의 시각에 맞게 시곗바늘을 그리고, 시계가 나타내는 시각을 읽어 보세요.

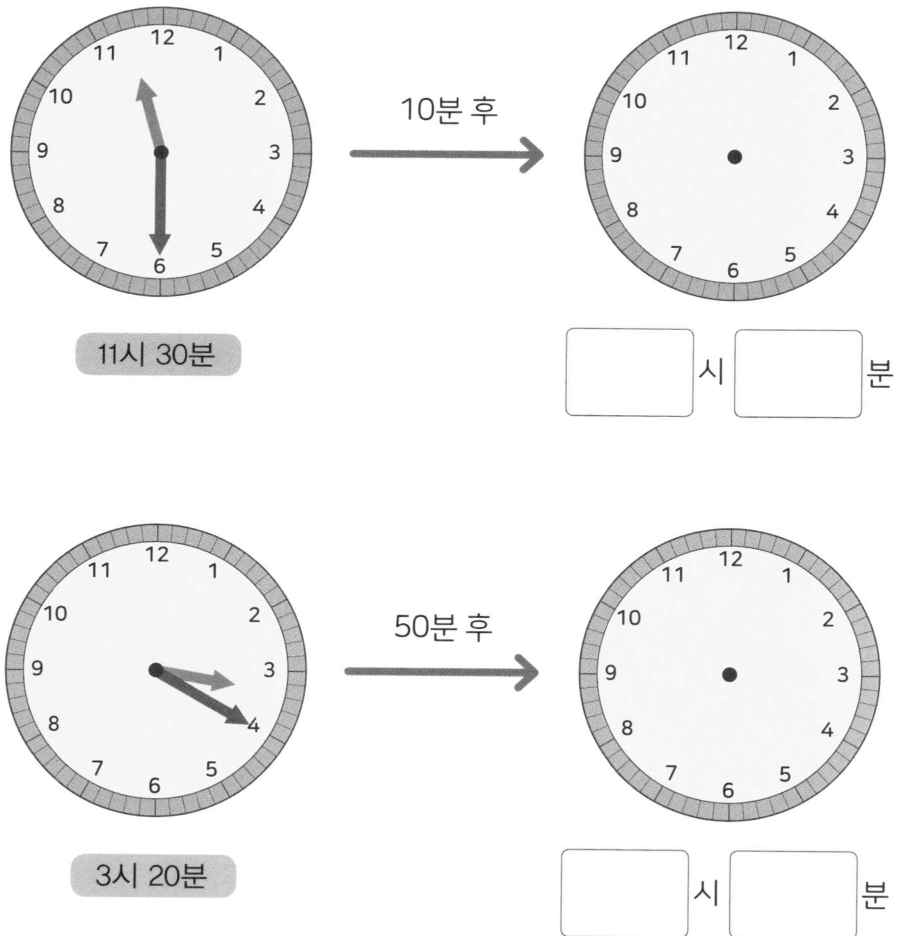

정답 ≫ 88쪽

Unit 02

시계의 규칙 찾기 | 측정 |

규칙에 따라 시계에 시곗바늘을 그리고 빈칸에 알맞은 수를 써넣어 보세요.

◉ 규칙 1

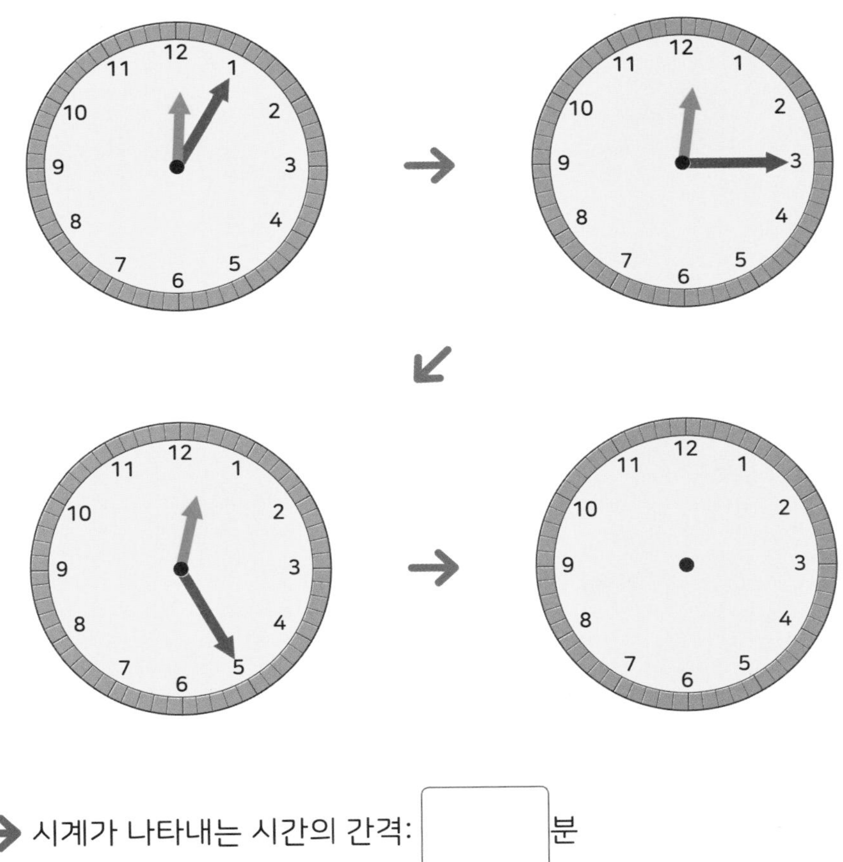

→ 시계가 나타내는 시간의 간격: [ ] 분

◉ 규칙 2

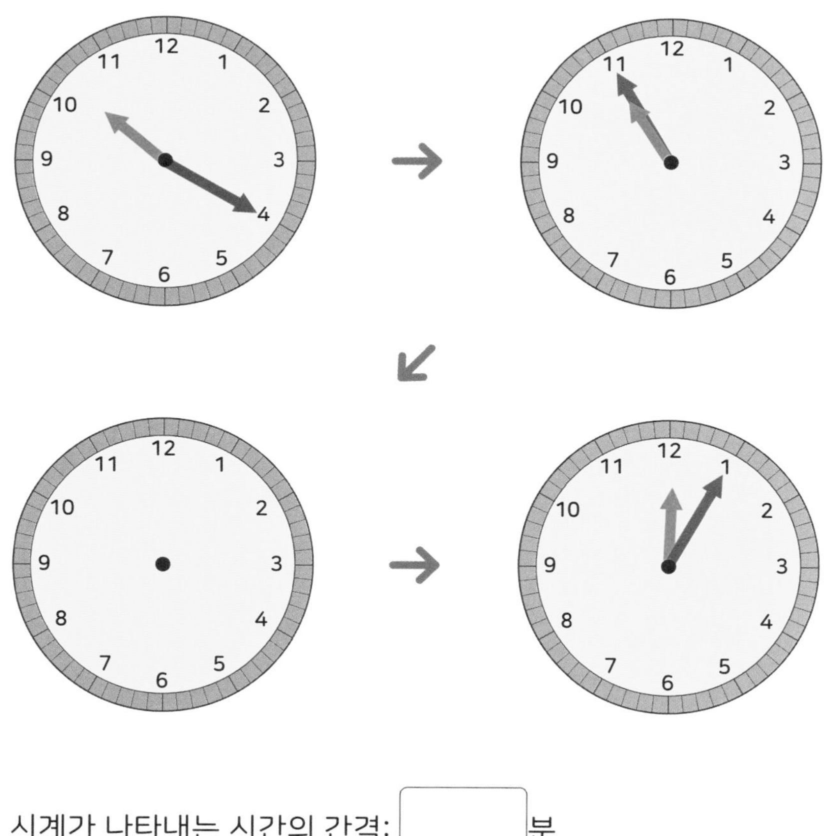

→ 시계가 나타내는 시간의 간격: [ ] 분

정답 ≫ 89쪽

Unit 02

04 몇 시 몇 분 전 | 측정 |

몇 시 몇 분 전으로 시각을 읽어 보세요.

⊙ 시계가 나타내는 시각은 [   ] 시 [   ] 분입니다.

⊙ 3시를 기준으로 긴바늘이 시계 [   ] 방향( )으로 숫자 눈금 [   ] 칸 전에 있습니다.

⊙ 3시가 되려면 [   ] 분이 더 지나야 합니다.

→ 시계가 나타내는 시각은 [   ] 시 [   ] 분 전입니다.

시각에 맞게 시계에 시곗바늘을 그리고, 가장 빠른 시각부터 순서대로 기호를 써넣어 보세요.

㉠ 3시 50분	㉡ 4시 15분 전	㉢ 4시 10분	㉣ 5시 10분 전

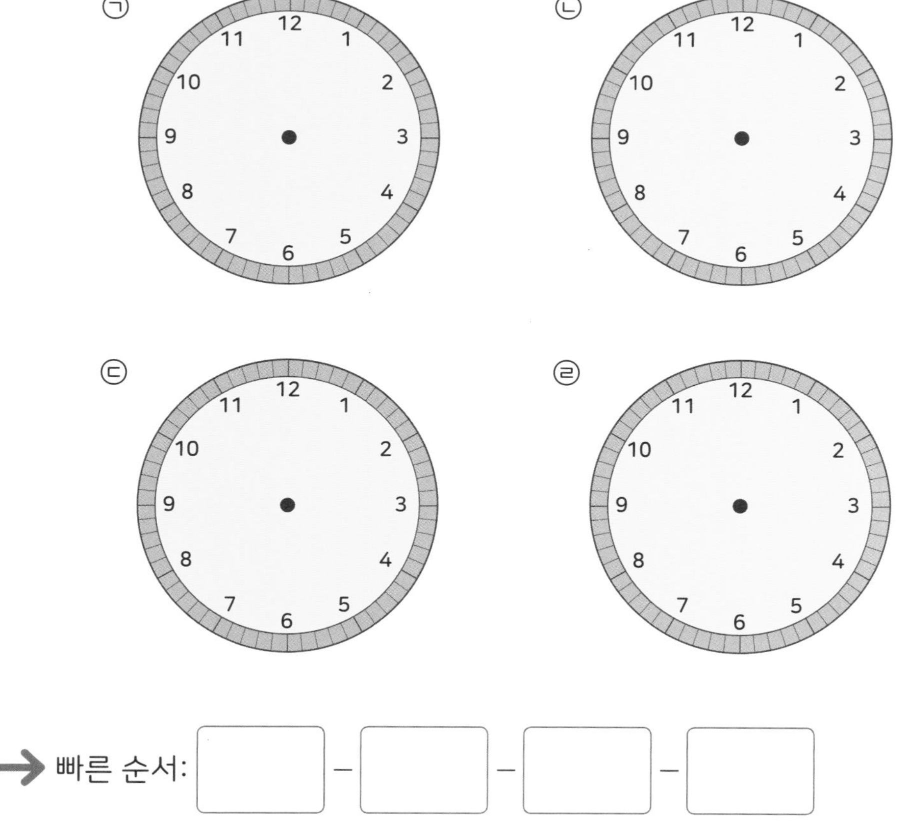

➔ 빠른 순서: □ – □ – □ – □

정답 ≫ 89쪽

시각과 시간

| 측정 |

시각과 시간을 알아봐요!

Unit 03
01
시각과 시간 ①

Unit 03
02
시각과 시간 ②

Unit 03
03
하루의 시간

Unit 03
04
시간표 만들기

시각과 시간 ① | 측정 |

시계에서 각각의 눈금이 몇 분을 나타내는지 써넣고, 시계가 나타내는 시각을 읽어 보세요.

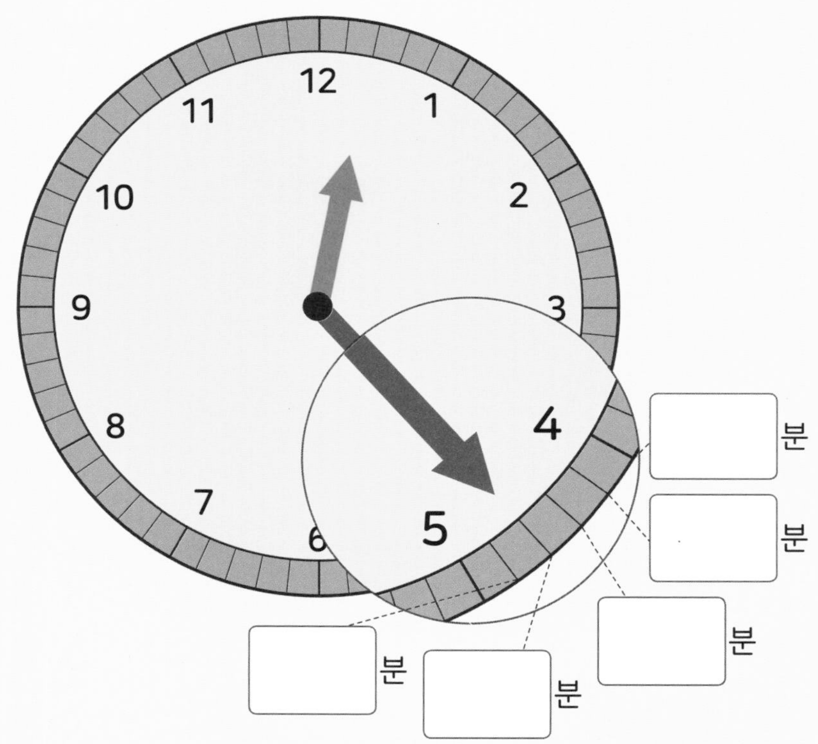

→ 시계가 나타내는 시각은 [ ] 시 [ ] 분입니다.

안쌤 Tip

시계에서 긴바늘이 가리키는 작은 눈금 한 칸은 1분을 나타내요.

왼쪽 시계에서 긴바늘이 한 바퀴 돌면 오른쪽 시계가 됩니다. 빈칸에 알맞은 수를 써넣어 보세요.

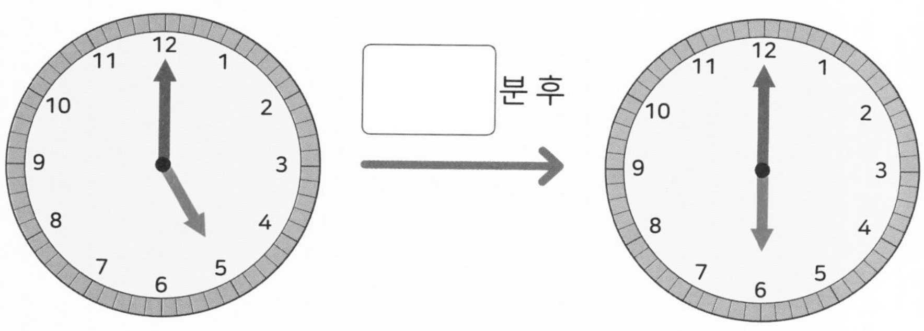

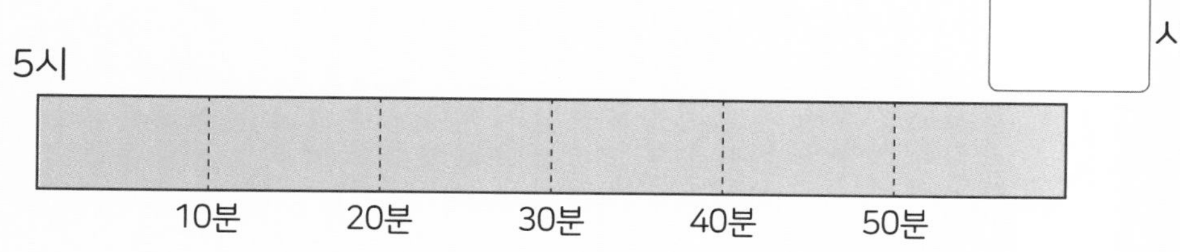

◉ 5시에서 긴바늘이 한 바퀴 돌면 ☐ 시가 됩니다.

◉ 시계의 긴바늘이 한 바퀴 도는 데 ☐ 분의 시간이 걸립니다.

◉ 시계의 긴바늘이 한 바퀴 도는 데 걸린 시간은 ☐ 시간입니다.

Unit 03

정답 » 90쪽

시각과 시간 ② | 측정 |

시율이가 책을 읽은 시간을 구하려고 합니다. 물음에 답하세요.

◉ 시율이가 책을 읽기 시작한 시각과 끝낸 시각 사이의 시간을 시간 띠에 나타내어 보세요.

10시 10분 20분 30분 40분 50분 11시 10분 20분 30분 40분 50분 12시

◉ 시율이가 책을 읽은 시간을 구해 보세요.

☐분=☐시간 ☐분

시각은 어느 한 시점을 나타내고, 시간은 어떤 시각부터 어떤 시각까지의 사이를 나타내요.

다음 <설명>을 보고 영화가 끝난 시각에 맞게 시계에 시곗바늘을 그리고, 영화가 상영하는 시간을 구해 보세요.

설명

① 4시에 영화가 시작합니다.

② 시계의 긴 바늘이 한 바퀴를 돌아서 숫자 7을 지나 작은 눈금 3칸을 더 간 곳을 가리킬 때 영화가 끝납니다.

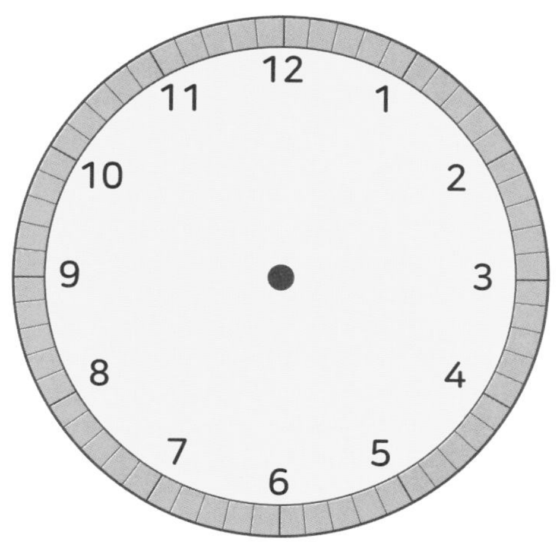

→ 영화가 끝난 시각은 ☐ 시 ☐ 분입니다.

→ 영화가 상영하는 시간은 ☐ 시간 ☐ 분입니다.

Unit 03

정답 ≫ 90쪽

Unit 03

03 하루의 시간 | 측정 |

다음은 서윤이가 만든 어느 토요일 계획표 입니다. 물음에 답하세요.

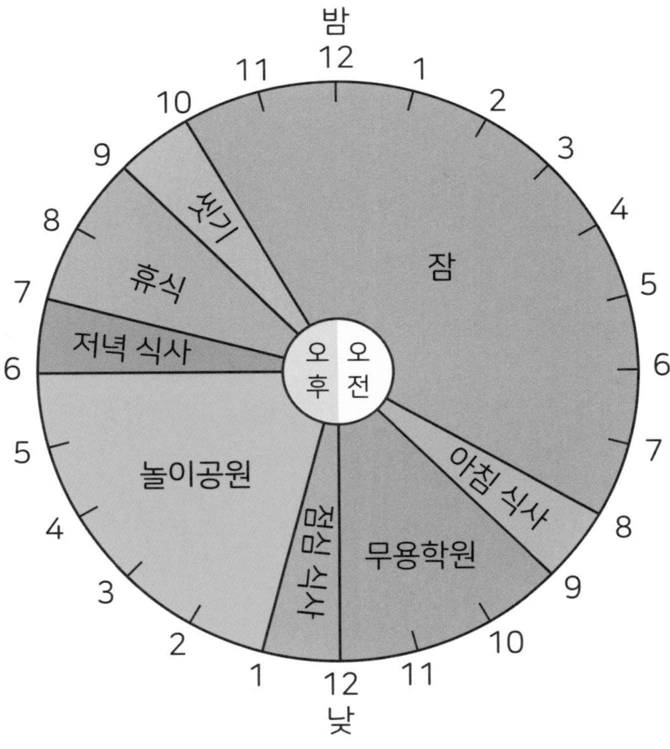

◉ 서윤이가 계획한 일을 시간 띠에 나타내어 보세요.

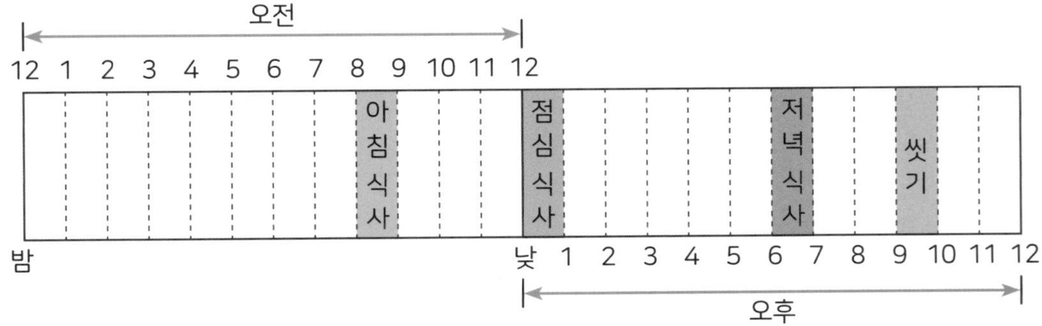

안쌤 Tip

하루는 오전 12시간과 오후 12시간으로 이루어져 있어요.

- 하루는 [ ] 시간입니다.
- 서윤이가 일어나는 시각은 (오전 , 오후) [ ] 시이고, 잠을 자는 시각은 (오전 , 오후) [ ] 시입니다.
- 일어나서 가장 먼저 하는 일은 [ ] 입니다.
- 무용학원에 가는 시각은 (오전 , 오후) [ ] 시이고, 끝나는 시각은 (낮 , 밤) [ ] 시입니다.
- 놀이공원에 있는 (시각 , 시간)은 [ ] 시간입니다.
- 휴식 (시각 , 시간)은 [ ] 시간입니다.
- 서윤이는 하루에 잠을 [ ] 시간 동안 잡니다.

정답 » 91쪽

Unit 03

시간표 만들기 | 측정 |

다음 <설명>을 읽고 박물관 전시 해설 시간표를 완성해 보세요.

설명

① 전시 해설 시작 시각은 오후 1시입니다.

② 각 회차 전시 해설 시간은 30분입니다.

③ 10분 휴식 후에 다시 전시 해설을 시작합니다.

구분	박물관 전시 해설 시간(오후)
1회	1시 ~ 1시 30분
2회	~
3회	~
4회	~
5회	~
6회	~

다음은 같은 노선을 일정한 시간 간격으로 출발하는 버스의 출발 시각을 나타낸 시간표입니다. 물음에 답하세요.

구분	버스의 출발 시각
첫 번째	오전 9시 7분
두 번째	오전 9시 57분
세 번째	?
⋮	⋮

◉ 버스는 몇 분 간격으로 출발하는지 구해 보세요.

◉ 세 번째 버스가 출발하는 시각은 오전 몇 시 몇 분인지 구해 보세요.

◉ 위 노선으로 운행하는 버스는 오전 9시부터 오후 2시 30분까지 모두 몇 번 출발하는지 구해 보세요.

Unit 03

정답 ≫ 91쪽

거울에 비친 시계

| 도형 |

거울에 비친 시계를 알아봐요!

거울에 비친 모양 | 도형 |

다음은 거울에 비친 수입니다. 가장 큰 수와 가장 작은 수의 합과 차를 구해 보세요.

47　　25　　51

94　　12　　76

83　　66　　39

◉ 가장 큰 수와 가장 작은 수의 합: ☐ + ☐ = ☐

◉ 가장 큰 수와 가장 작은 수의 차: ☐ − ☐ = ☐

안쌤 Tip

거울에 비친 모양은 왼쪽과 오른쪽이 바뀌어 보여요.

거울에 비친 모양이 왼쪽과 오른쪽이 바뀌지 않고 원래의 모양과 같은 것을 모두 찾아 ○표 해 보세요.

거울

←

4	8	9
ㄱ	ㄷ	ㅁ
ㅂ	ㅅ	ㅋ
A	F	G
H	J	S

Unit 04

정답 » 92쪽

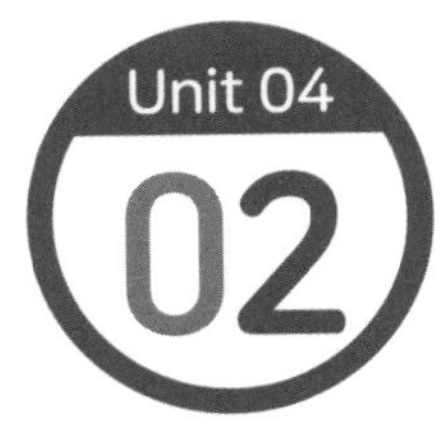

거울에 비친 시계  | 도형 |

왼쪽 시계가 나타내는 시각을 읽고, 오른쪽 거울에 비친 시계에 시곗바늘을 그려 보세요.

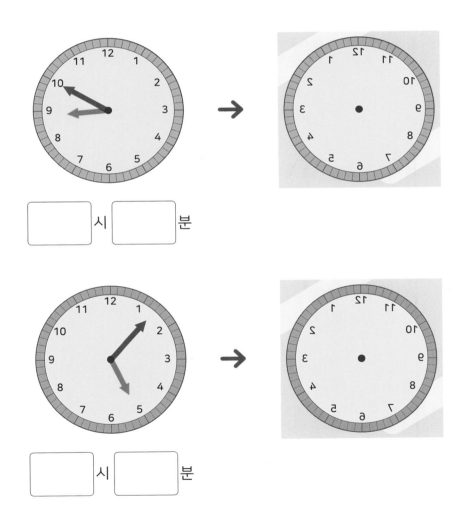

→

□ 시 □ 분

→

□ 시 □ 분

거울에 비친 시계를 보고, 시계가 실제로 가리키는 시각을 읽어 보세요.

Unit 04

정답 92쪽

거울에 비친 시계 ② | 도형 |

거울에 비친 시계의 모습입니다. 물음에 답하세요.

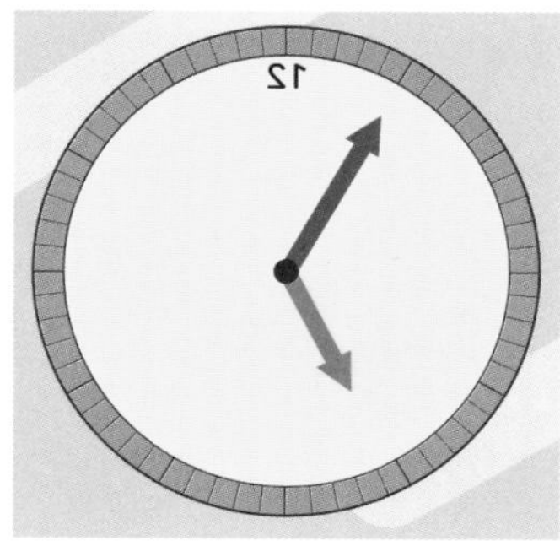

⊙ 위의 시계가 실제로 가리키는 시각을 써넣어 보세요.

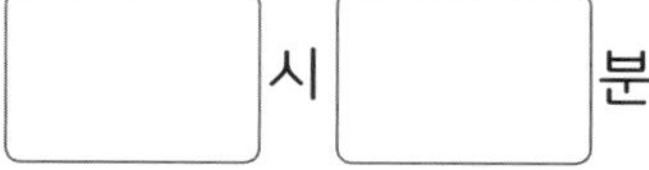

⊙ 위의 시계가 실제로 가리키는 시각에서 35분이 지난 후 거울에 비친 시계에 시곗바늘을 그리고, 시계가 실제로 가리키는 시각을 써넣어 보세요.

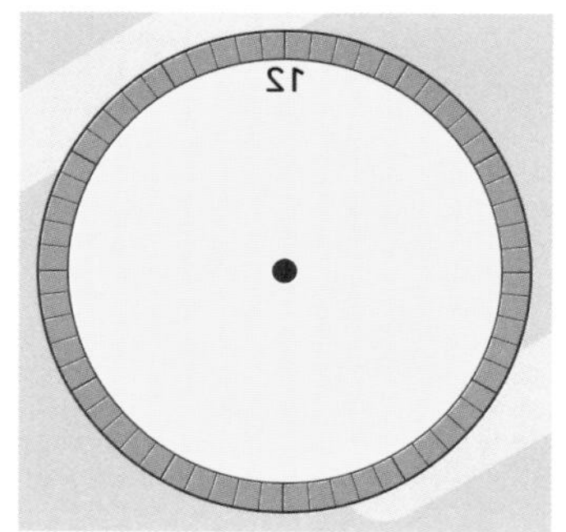

☐ 시 ☐ 분

⊙ 40쪽에서 구한 35분이 지난 후 실제로 가리키는 시각에서 긴바늘이 두 바퀴 돌았습니다. 이때 거울에 비친 시계에 시곗바늘을 그리고, 시계가 실제로 가리키는 시각을 써넣어 보세요.

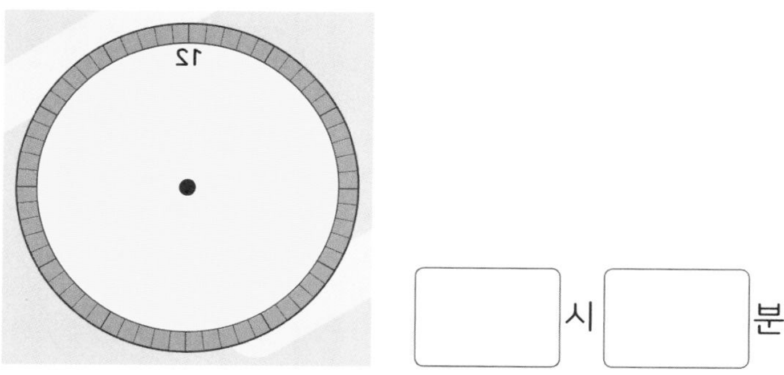

☐ 시 ☐ 분

⊙ 위에서 그린 거울에 비친 시계의 시각에서 몇 시간 몇 분의 시간이 지나야 거울에 비친 시계가 다음과 같은 모양이 되는지 구해 보세요.

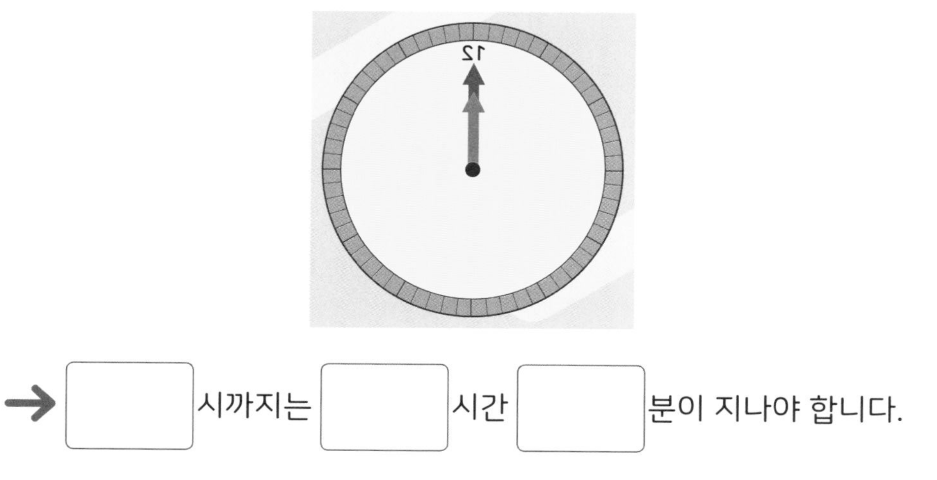

→ ☐ 시까지는 ☐ 시간 ☐ 분이 지나야 합니다.

Unit 04

정답 ≫ 93쪽

거울에 비친 시계 ③

12시를 거울에 비추어 보면 실제 시계의 모양과 거울에 비친 시계의 모양이 같고, 좌우 대칭이 됩니다.

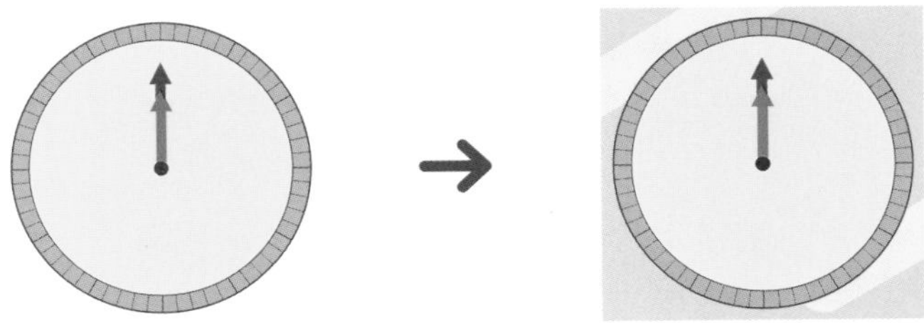

12시와 같이 실제 시계의 모양과 거울에 비친 시계의 모양이 같고, 좌우 대칭이 경우를 찾아 시계에 시곗바늘을 그려 보세요.

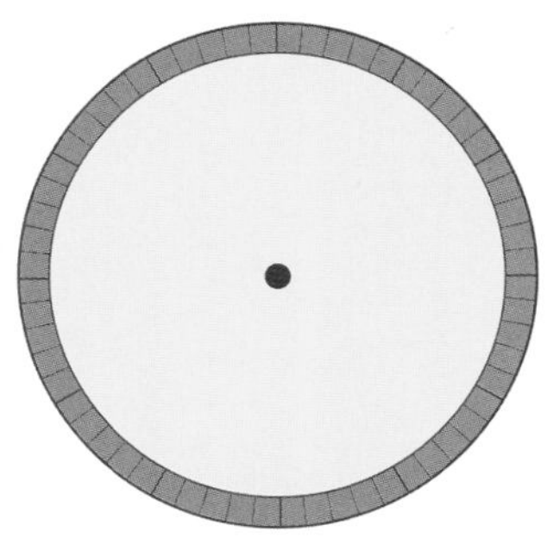

→ 구하는 시각은 [ ] 시입니다.

안쌤 Tip

기준이 되는 점, 선, 면을 사이에 두고 같은 거리에서 마주 보고 있는 것을 대칭이라라고 해요.

실제 시계와 거울에 비친 시계의 모습을 보니 두 시계가 나타내는 시각의 차가 2시간 40분입니다. 현재 시각이 될 수 있는 시각을 모두 구해 보세요.

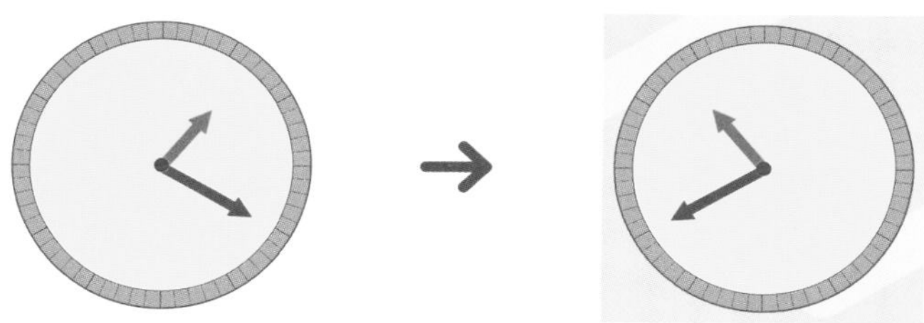

⦿ 원래의 시각과 거울에 비친 시각은  시와 시를 기준으로 대칭이 됩니다.

⦿ 위에서 구한 시각을 기준으로 2시간 40분의 절반인 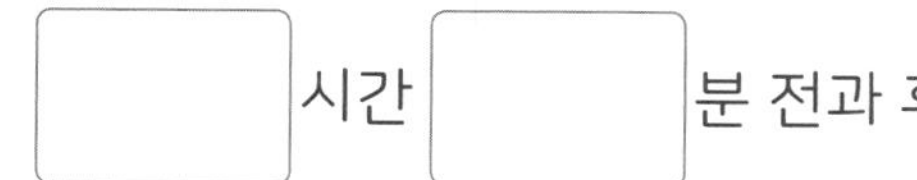 시간 분 전과 후의 시각을 각각 구합니다.

→ 현재 시각이 될 수 있는 시각:

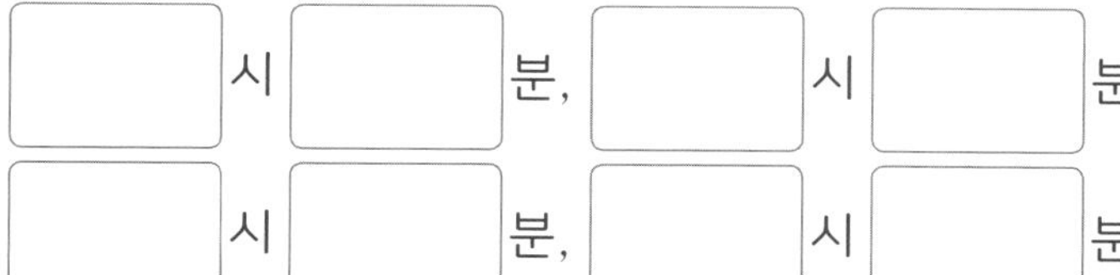

시 분, 시 분,

시 분, 시 분

정답 » 93쪽

시간의 합과 차

| 수와 연산 |

시간의 합과 차를 알아봐요!

초 단위의 시각 | 수와 연산 |

1분보다 작은 단위를 알아보세요.

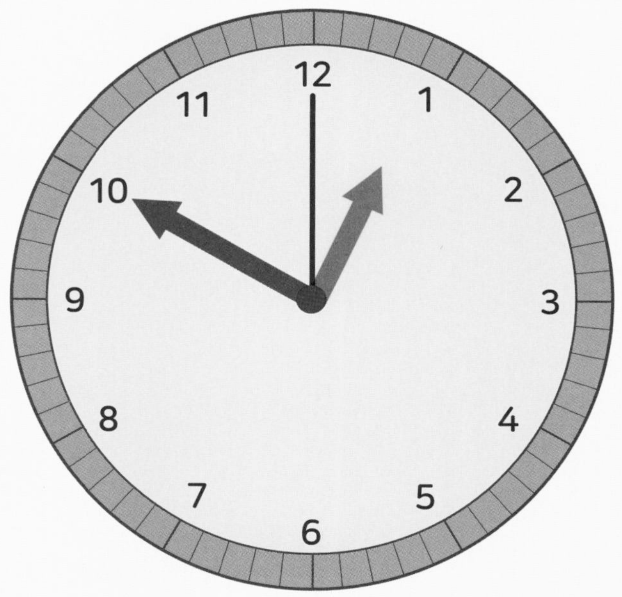

⊙ 초바늘이 작은 눈금 한 칸을 지나는 데 걸린 시간은 ☐ 초입니다.

⊙ 초바늘이 시계를 한 바퀴 도는 데 걸린 시간은 ☐ 초입니다.

⊙ 초바늘이 시계를 한 바퀴 도는 동안 긴바늘은 작은 눈금 ☐ 칸을 움직입니다. → ☐ 초 = ☐ 분

여러 가지 단위가 주어질 때에는 한 가지 단위로 고쳐서 비교해요.

예빈이가 오늘 낮에 한 일입니다. 예빈이가 가장 오랫동안 한 일에 ○표 해 보세요.

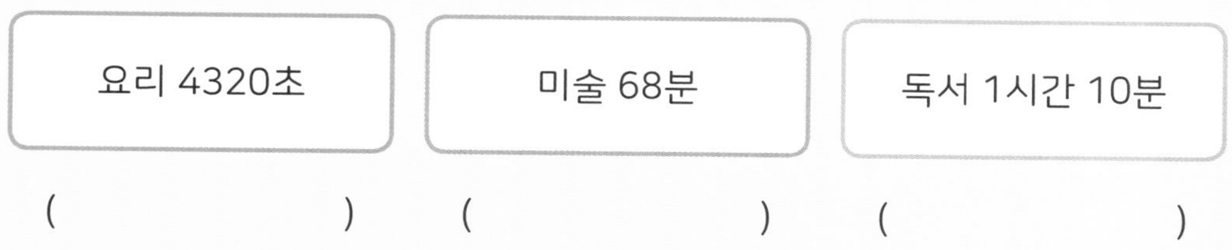

Unit 05

빈칸에 알맞은 수를 써넣어 보세요.

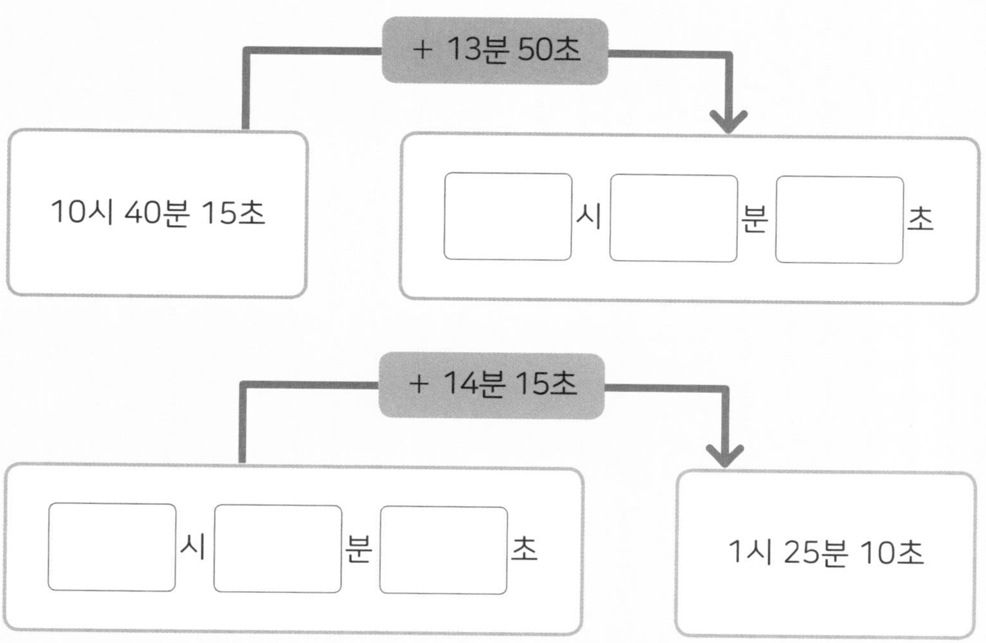

정답 » 94쪽

시간의 합과 차 ① | 수와 연산 |

주어진 시계의 시각부터 1시간 47분 45초 후에 초바늘이 가리키고 있는 숫자를 구해 보세요.

⊙ 구하는 것은 초바늘이 가리키는 숫자이므로 (시 , 분 , 초) 단위끼리만 계산하여 몇 [ ] 이/가 되는지 구할 수 있습니다.

⊙ 초바늘이 [ ] 을/를 가리키므로 [ ] 초입니다.

⊙ 45초 후의 시각은 [ ] 초 + [ ] 초 = [ ] 초이므로 [ ] 분 [ ] 초입니다.

→ 초바늘이 가리키는 숫자: [ ]

주어진 시계가 나타내고 있는 시각부터 초바늘이 40바퀴 반을 돌기 전, 이 시계가 가리켰던 시각을 구해 보세요.

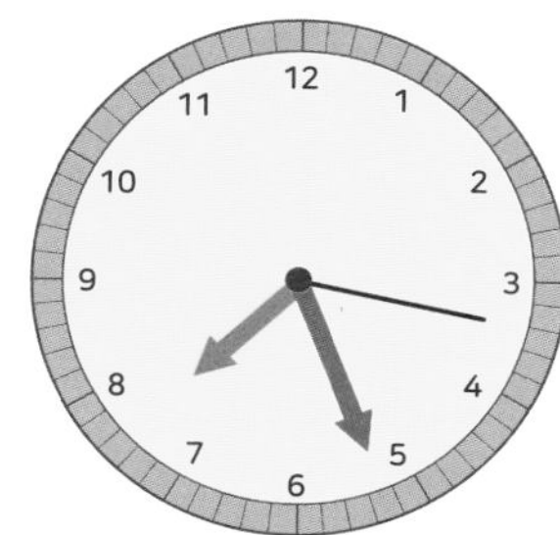

Unit 05

◉ 현재 시각: ☐ 시 ☐ 분 ☐ 초

◉ 초바늘이 40바퀴 반을 돈 시간: ☐ 분 ☐ 초

→ 시계가 가리켰던 시각: ☐ 시 ☐ 분 ☐ 초

정답 ≫ 94쪽

시간의 합과 차 ② | 수와 연산 |

다음은 마라톤 대회에서 세계 신기록을 낸 선수의 기록입니다. 이 선수가 결승점에 도착한 시각을 구하고, 결승점에 도착한 시각에 맞게 시계에 시곗바늘을 그려 보세요.

출발 시각	9시 30분 10초
기록	2시간 35초
도착 시각	

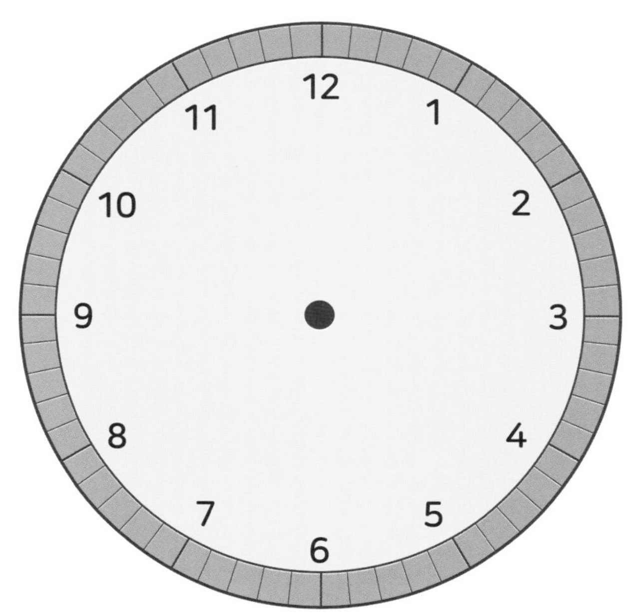

다음은 어떤 기차가 기차역에서 출발한 후 이동 시간과 도착 시각을 나타낸 것입니다. 이 기차의 출발 시각을 구하고, 출발 시각에 맞게 시계에 시곗바늘을 그려 보세요.

출발 시각	
이동 시간	2시간 51분 17초
도착 시각	4시 24분 27초

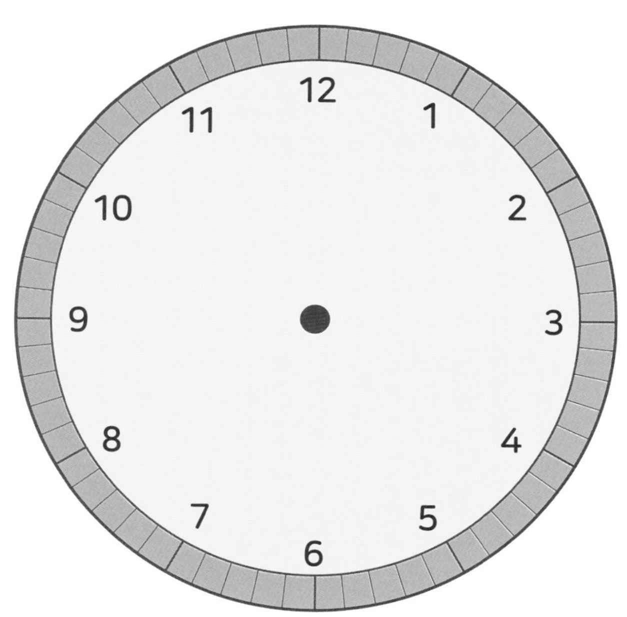

정답 » 95쪽

Unit 05

시간의 합과 차 ③ | 수와 연산 |

5분 45초마다 울리는 종이 있습니다. 첫 번째 종이 울린 시각이 9시 15분 50초라면 네 번째 종이 울리는 시각은 몇 시 몇 분 몇 초인지 구해 보세요.

◉ 첫 번째에서 네 번째까지 종이 울리는 간격이 [ ] 번입니다.

◉ 종이 울리는 시간 간격의 합은 [ ] 분 [ ] 초입니다.

→ 네 번째 종이 울리는 시각: [ ] 시 [ ] 분 [ ] 초

안쌤 Tip

오후 1시는 13시로 나타낼 수 있어요.

어느 날의 해가 뜬 시각과 해가 진 시각을 나타낸 표입니다. 이 날의 낮의 길이는 밤의 길이보다 몇 시간 몇 분 몇 초가 더 긴지 구해 보세요.

해가 뜬 시각	오전 5시 54분 25초
해가 진 시각	오후 7시 35분 9초

Unit 05

⊙ 오후 7시 35분 9초는 ☐ 시 35분 9초입니다.

⊙ (낮의 길이)=(해가 ☐ 시각)−(해가 ☐ 시각)이므로 ☐ 시간 ☐ 분 ☐ 초입니다.

⊙ (밤의 길이)=(☐ 시간) −(낮의 길이)이므로 ☐ 시간 ☐ 분 ☐ 초입니다.

➔ 구하는 시간: ☐ 시간 ☐ 분 ☐ 초

정답 » 95쪽

시계와 각도

| 도형 |

시계의 두 바늘이 이루는 각도를 알아봐요!

Unit 06 01 각도 알아보기

Unit 06 02 바늘이 이루는 각도 ①

Unit 06 03 바늘이 이루는 각도 ②

Unit 06 04 시곗바늘 그리기

각도 알아보기 | 도형 |

각도에 대해 알아보세요.

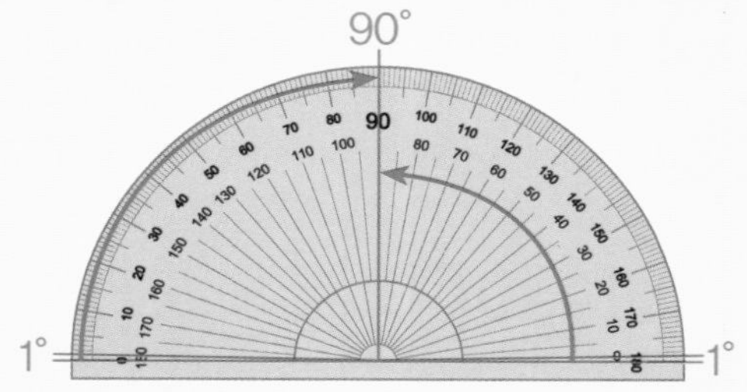

◉ 직각의 크기를 똑같이 90으로 나눈 것 중 하나를 [   ]라 하고, 1°라고 씁니다.

◉ 직각의 크기는 [   ]입니다.

직선을 크기가 같은 각 4개로 나눈 것입니다. 각 ㄴㅇㄹ의 크기를 구해 보세요.

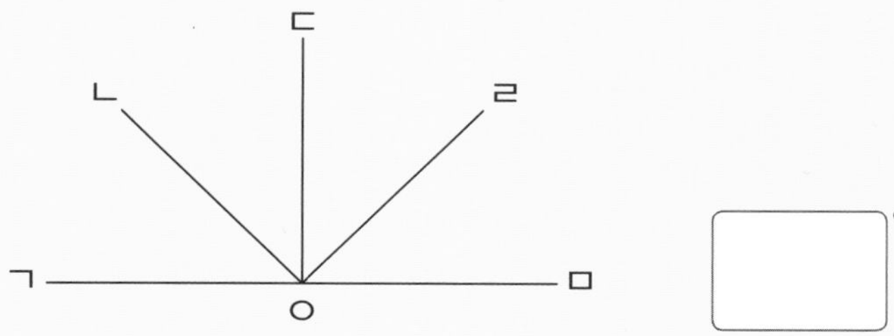

[   ]°

안쌤 Tip

각의 크기를 각도라고 해요.

시계의 큰 눈금 한 칸 사이의 각도와 작은 눈금 한 칸 사이의 각도를 각각 알아보세요.

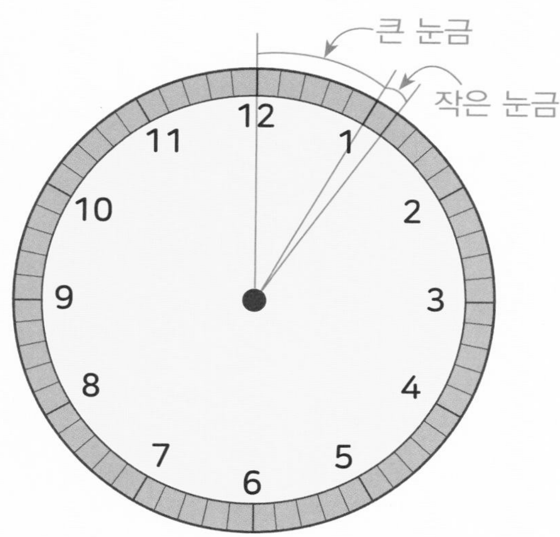

◉ 원의 각도는 [ ]° 입니다.

◉ 시계의 큰 눈금은 원을 똑같이 [ ](으)로 나눈 것입니다.

→ 큰 눈금 한 칸 사이의 각도: [ ]° ÷ [ ] = [ ]°

◉ 시계의 작은 눈금은 큰 눈금 한 칸을 똑같이 [ ](으)로 나눈 것입니다.

→ 작은 눈금 한 칸 사이의 각도: [ ]° ÷ [ ] = [ ]°

정답 ≫ 96쪽

Unit 06

바늘이 이루는 각도 ①

시계의 두 바늘이 이루는 각 중 작은 각의 크기를 구해 보세요.

°

°

°

°

안쌤 Tip

짧은바늘은 1시간에 30°씩 움직이고,
30분에 15°씩 움직여요.

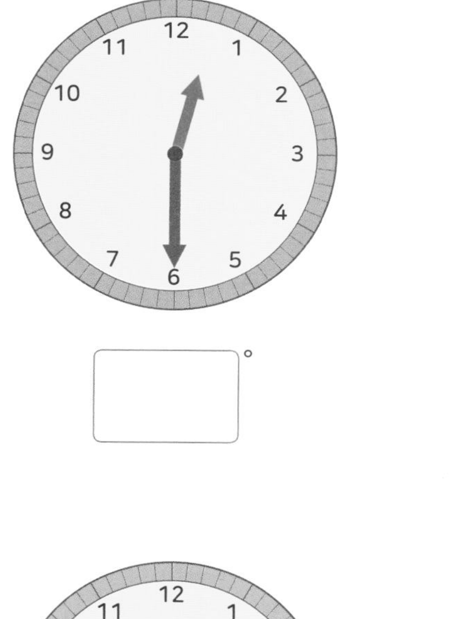

°

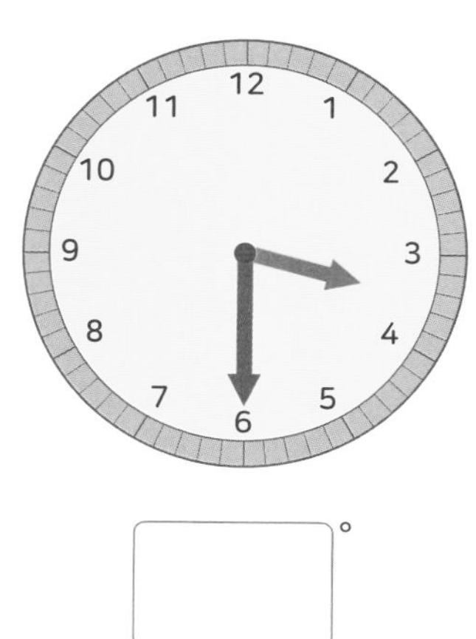

°

°

°

Unit 06

정답 » 96쪽

바늘이 이루는 각도 ② | 도형 |

주어진 시계의 두 바늘이 이루는 각 중 작은 각의 크기를 구해 보세요.

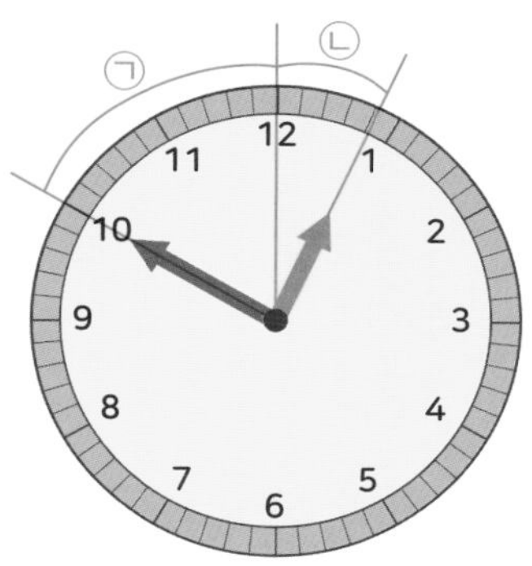

◉ ㉠은 큰 눈금 ☐ 칸이므로 각의 크기는 ☐° 입니다.

◉ 짧은바늘은 10분에 30° ÷ ☐ = ☐° 씩 움직입니다.

◉ ㉡은 12를 기준으로 긴바늘이 ☐ 분 움직일 때 짧은 바늘이 움직인 각도와 같습니다. → ☐° × ☐ = ☐°

→ 두 바늘이 이루는 각의 크기: ☐°

건희는 3시 15분에 숙제를 시작하여 5시 55분에 숙제를 끝냈습니다. 건희가 숙제를 하는 동안 짧은바늘이 움직인 각도를 구해 보세요.

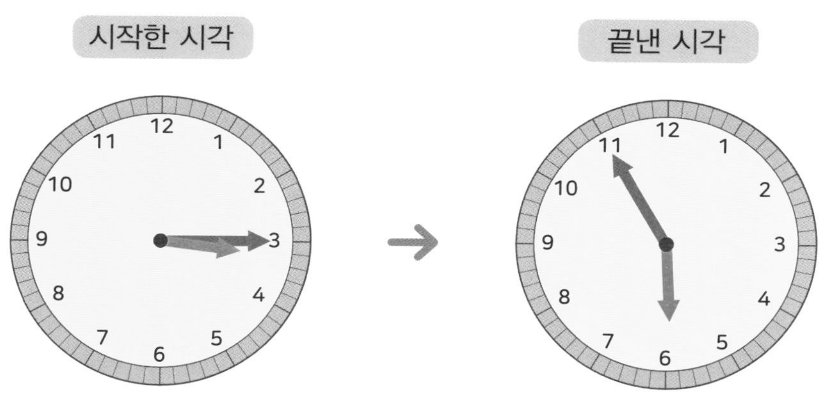

◉ 숙제를 한 시간은 ☐ 시간 ☐ 분입니다.

◉ ☐ 시간 동안 짧은바늘이 움직인 각도: ☐°

◉ ☐ 분 동안 짧은바늘이 움직인 각도: ☐°

➔ 숙제를 하는 동안 짧은바늘이 움직인 각도: ☐°

Unit 06

정답 ≫ 97쪽

시곗바늘 그리기 | 도형 |

시계의 긴바늘이 30분을 가리킬 때 시계의 두 바늘이 이루는 각 중 작은 각의 크기가 105°인 시각을 모두 구하고, 시각에 맞게 시계에 시곗바늘을 그려보세요.

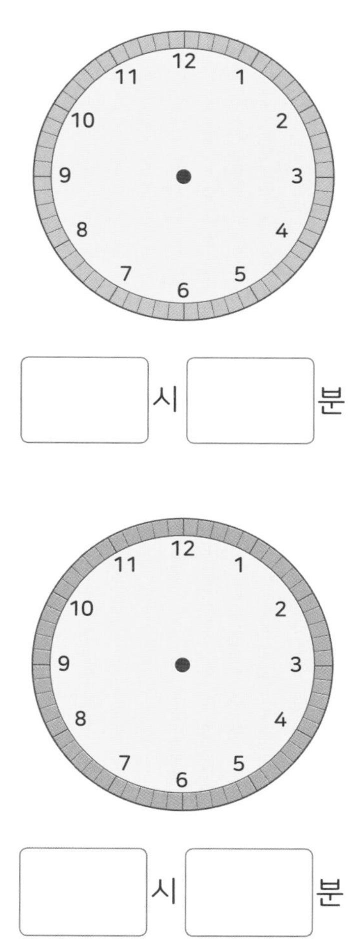

주어진 시각에 맞게 시계에 시곗바늘을 그리고, 두 바늘이 이루는 각 중 작은 각의 크기를 구해 보세요.

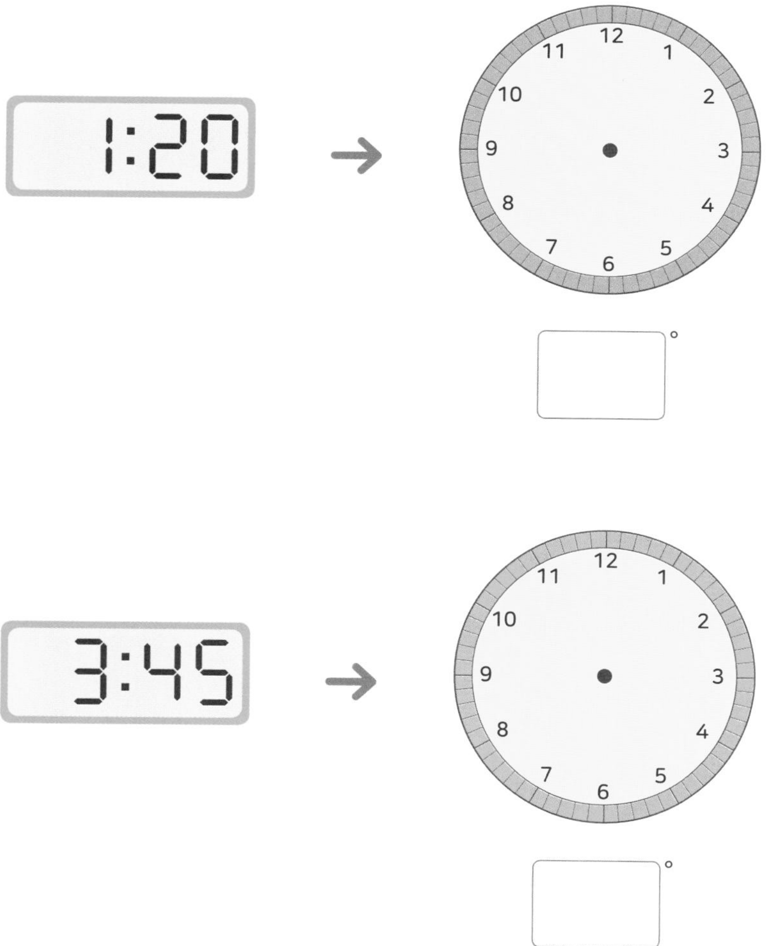

Unit 06

정답 97쪽

Unit

07

고장 난 시계

| 문제 해결 |

정확한 시계와 **고장 난 시계**를 비교해 봐요!

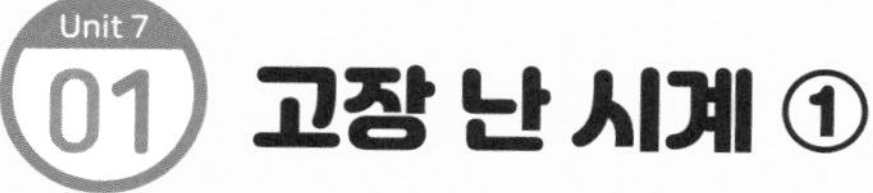

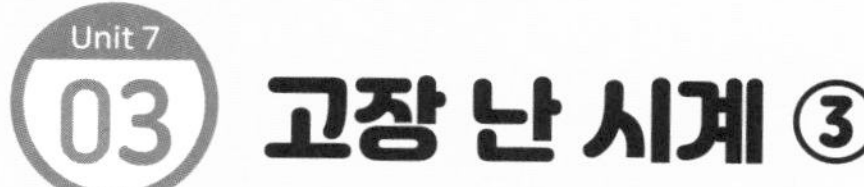

Unit 07

01 고장 난 시계 ① | 문제 해결 |

시계를 보고 빈칸에 알맞은 수를 써넣고, 알맞은 말에 ○표 해 보세요.

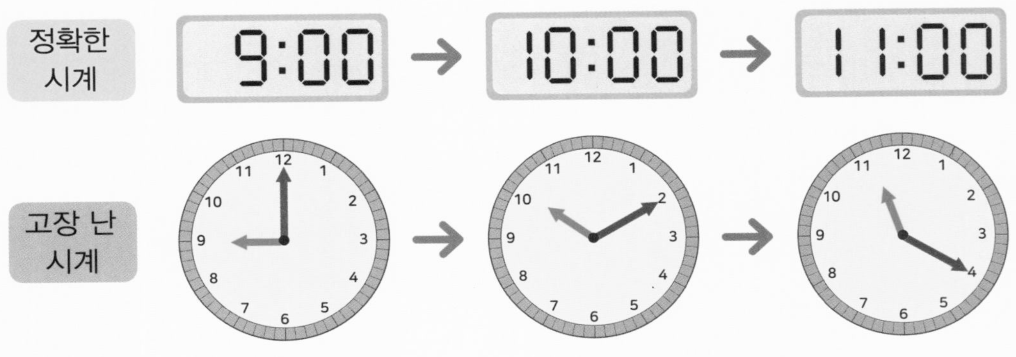

→ 고장 난 시계는 1시간마다 [ ] 분씩 (빠르게 , 느리게) 갑니다.

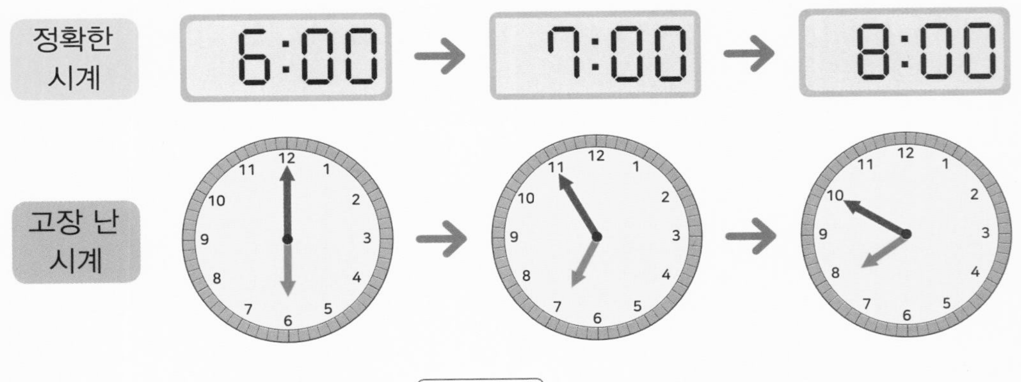

→ 고장 난 시계는 1시간마다 [ ] 분씩 (빠르게 , 느리게) 갑니다.

다음은 고장 난 시계를 10분 간격으로 관찰하여 시계가 가리키는 시각을 그림으로 그린 것입니다. 물음에 답하세요.

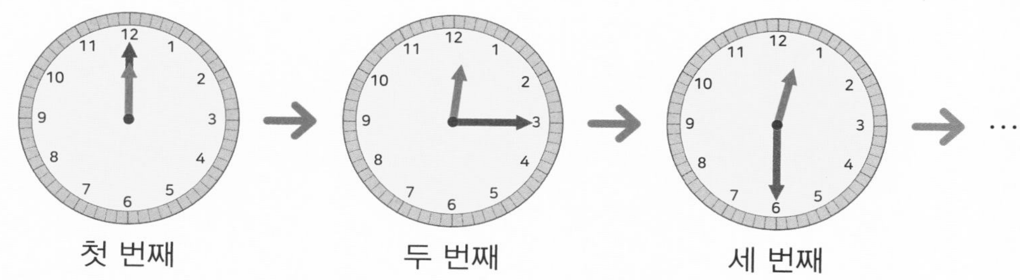

◉ 위의 시계가 고장인 이유를 설명해 보세요.

◉ 네 번째에 올 시계는 몇 시 몇 분을 가리킬지 시계에 시곗바늘을 그려 보세요.

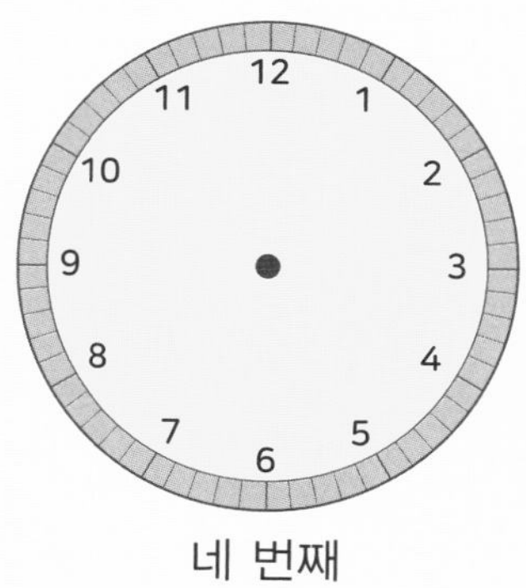

Unit 07

정답 » 98쪽

고장 난 시계 ② | 문제 해결 |

정확한 시계를 보고 고장 난 시계의 시곗바늘을 그려 보세요.

◉ 1시간마다 5분씩 빠르게 가는 시계

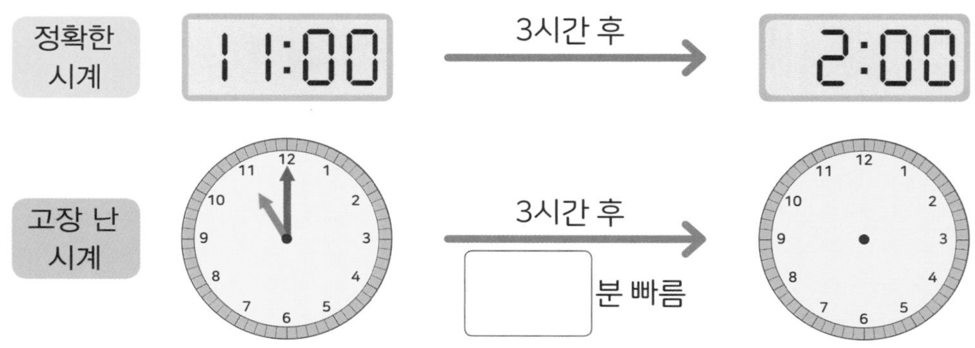

◉ 1시간마다 10분씩 느리게 가는 시계

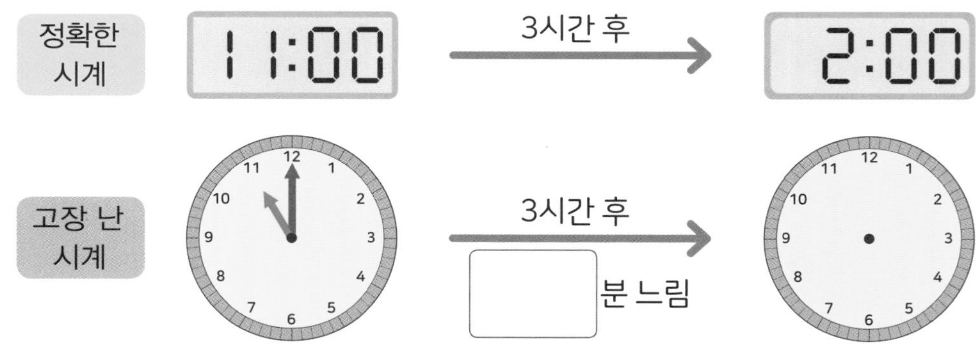

정확한 시계와 고장 난 시계를 보고 물음에 답하세요.

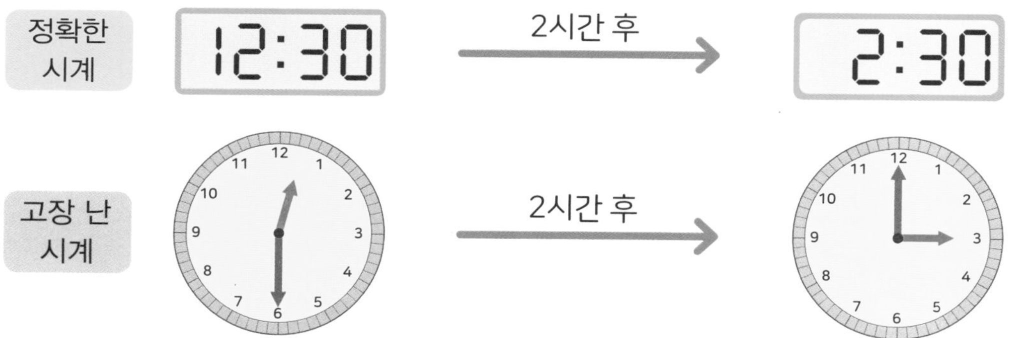

◉ 위의 고장 난 시계가 고장인 이유를 설명해 보세요.

→ 고장 난 시계는 2시간 동안 [ ] 분 (빠르게 , 느리게) 갑니다.

→ 고장 난 시계는 1시간마다 [ ] 분씩 (빠르게 , 느리게) 갑니다.

◉ 12시 30분부터 5시간 후에 위의 정확한 시계가 가리키는 시각과 고장 난 시계가 가리키는 시각을 구해 보세요.

→ 정확한 시계는 [ ] 시 [ ] 분을 가리킵니다.

→ 고장 난 시계는 [ ] 시 [ ] 분을 가리킵니다.

Unit 07

정답 » 98쪽

고장 난 시계 ③ | 문제 해결 |

1시간마다 3분씩 늦어지는 고장 난 시계가 있습니다. 이 시계를 오전 10시에 정확한 시각에 맞추어 놓았습니다. 같은 날 오후 9시에 고장 난 시계가 가리키는 시각은 몇 시 몇 분인지 구해 보세요.

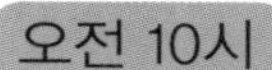

⊙ 오전 10시부터 오후 9시까지는 [ ] 시간입니다.

⊙ 1시간마다 3분씩 늦어지면 위에서 구한 [ ] 시간 동안 [ ] 분 늦어집니다.

→ 고장 난 시계가 가리키는 시각: 오후 [ ] 시 [ ] 분

1시간마다 6분씩 빨라지는 고장 난 시계가 있습니다. 이 시계를 오후 8시에 정확한 시각에 맞추어 놓았습니다. 다음 날 오전 9시에 고장 난 시계가 가리키는 시각은 몇 시 몇 분인지 구해 보세요.

오전 10시

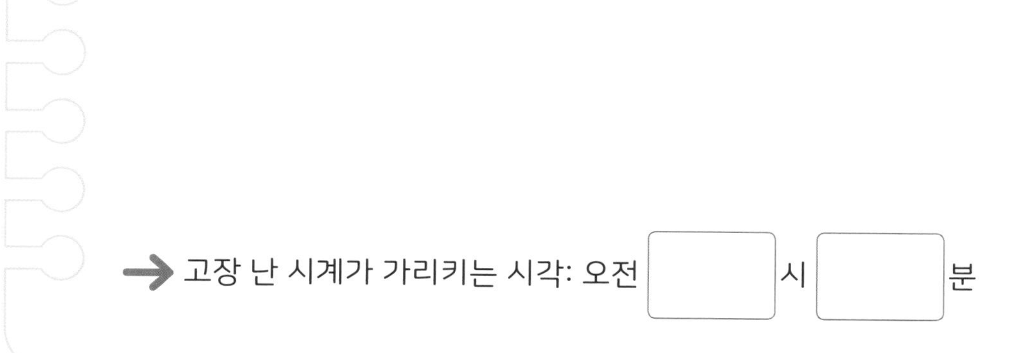

→ 고장 난 시계가 가리키는 시각: 오전 ☐ 시 ☐ 분

Unit 07

정답 » 99쪽

고장 난 시계 ④ | 문제 해결 |

하루에 40초씩 늦어지는 고장 난 시계가 있습니다. 이 시계를 오전 9시에 정확한 시각에 맞추어 놓았습니다. 다음 날 오후 9시에 고장 난 시계가 가리키는 시각은 몇 시 몇 분인지 구해 보세요.

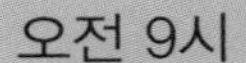

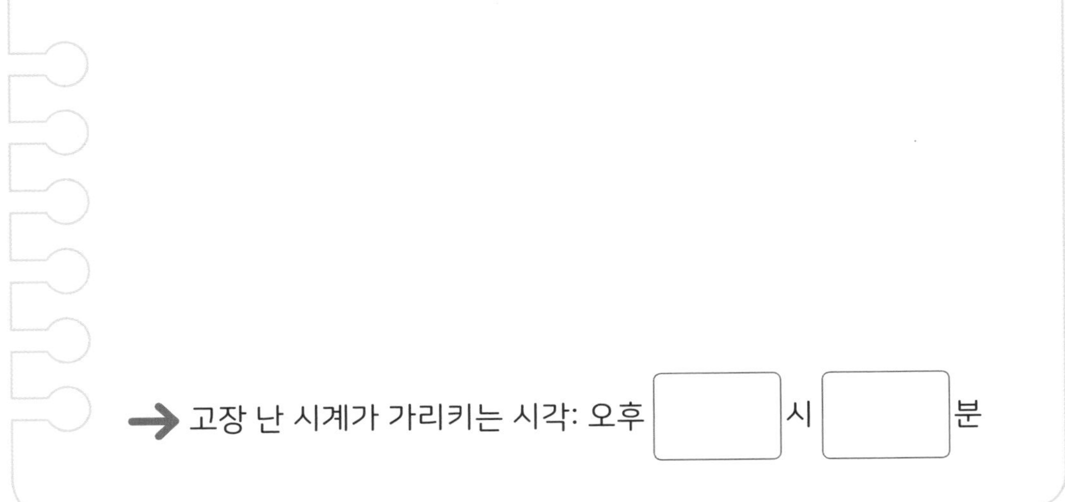

→ 고장 난 시계가 가리키는 시각: 오후 ☐ 시 ☐ 분

아침에 정확하던 시계가 갑자기 한 시간에 3분 10초씩 빨라지는 것을 알게 되었습니다. 정확한 시계가 오후 3시일 때 고장 난 시계를 보니 오후 3시 15분 50초를 가리키고 있었습니다. 이 시계가 고장 난 시각을 구해 보세요.

정확한 시계

고장 난 시계

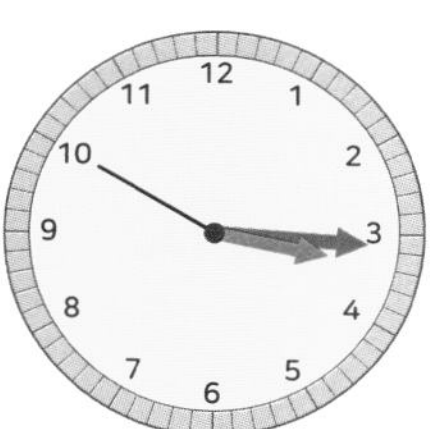

→ 시계가 고장 난 시각: (오전 , 오후) ☐ 시

Unit 07

정답 » 99쪽

시간 관리

| 문제 해결 |

효율적으로 시간을 관리해 봐요!

시간 관리 ① | 문제 해결 |

다음은 축구 경기에 대한 설명입니다. 물음에 답하세요.

① 축구 경기는 전반전과 후반전 45분씩 경기를 합니다.

② 전반전과 후반전 경기 사이에 15분 휴식 시간을 가집니다.

⦿ 전반전을 시작하여 후반전이 끝날 때까지 걸린 시간을 구해 보세요.

⦿ 어느 축구 경기가 오후 10시 35분에 후반전이 끝났습니다. 이 축구 경기가 시작한 시각을 구해 보세요.

⦿ 경기가 시작한 시각을 수직선 위에 점으로 나타내어 보세요.

다음은 직업 체험 학습 시각을 나타낸 표입니다. 물음에 답하세요.

경찰 체험 학습이 끝나는 시각	오후 2시 15분
요리사 체험 학습이 시작하는 시각	오후 3시

◉ 아현이는 오후 1시 30분부터 경찰 체험 학습을 했습니다. 경찰 체험 학습을 하는 데 걸린 시간은 몇 분인지 구해 보세요.

◉ 아현이는 경찰 체험 학습과 요리사 체험 학습 사이에 다른 직업 체험을 1가지 더 하려고 합니다. 아현이가 할 수 있는 직업 체험 학습에 ○표 해 보세요.

의사 체험 학습 50분	기자 체험 학습 40분	과학자 체험 학습 60분
(　　　)	(　　　)	(　　　)

Unit 08

정답 ≫ 100쪽

시간 관리 ② | 문제 해결 |

서윤이는 집에서 1시간 20분 거리의 기차역에 가서 11시 8분에 출발하는 기차를 타려고 합니다. 기차가 출발하는 시각보다 15분 빨리 도착하려면 늦어도 집에서 몇 시 몇 분에 출발해야 하는지 구해 보세요.

⊙ 기차역에 도착해야 하는 시각에서부터 ☐ 생각합니다.

⊙ 기차가 출발하는 시각보다 15분 빠른 시각은

☐시 ☐분 − ☐분

= ☐시 ☐분입니다.

⊙ 위 시각까지 기차역에 도착하려면 집에서 출발해야 하는 시각은

☐시 ☐분 − ☐시간 ☐분

= ☐시 ☐분입니다.

→ 집에서 출발해야 하는 시각: ☐시 ☐분

서현이는 집에서 25분 57초 거리의 병원에 가려고 합니다. 병원에 가는 길에 편의점에서 간식을 사려고 합니다. 간식을 사는 데 3분 15초가 걸린다고 할 때, 병원에 5시까지 도착하려면 늦어도 집에서 몇 시 몇 분 몇 초에 출발해야 하는지 구해 보세요.

→ 집에서 출발해야 하는 시각:

[ ] 시 [ ] 분 [ ] 초

Unit 08

정답 » 100쪽

다음은 연우가 음식을 만드는 데 걸리는 시간을 나타낸 표입니다. 1시간 동안 3가지 음식을 만들려고 할 때, 만들 수 있는 경우는 모두 몇 가지인지 구하려고 합니다. 물음에 답하세요.

(단, 음식을 만드는 순서는 생각하지 않습니다.)

샌드위치	떡볶이	김치볶음밥
31분	18분 50초	19분 40초
유부초밥	김밥	계란찜
24분	28분	15분 35초

◉ 만드는 데 걸리는 시간이 가장 짧은 음식 2가지를 고르고, 이때 걸리는 시간을 구해 보세요.

◉ 1시간 동안 위에서 고른 음식 2가지를 만들고 남은 시간을 구해 보세요.

◉ 80쪽에서 구한 남은 시간 동안 만들 수 있는 음식을 모두 골라 보세요.

◉ 만드는 데 걸리는 시간이 두 번째로 짧은 음식 2가지를 고르고, 이때 걸리는 시간을 구해 보세요.

◉ 1시간 동안 위에서 고른 음식 2가지를 만들고 남은 시간을 구해 보세요.

◉ 위에서 구한 남은 시간 동안 만들 수 있는 음식을 모두 골라 보세요.

Unit 08

◉ 1시간 동안 3가지 음식을 만들 수 있는 경우는 모두 몇 가지인지 구해 보세요. (단, 음식을 만드는 순서는 생각하지 않습니다.)

정답 ≫ 101쪽

Unit 08

04 시간 관리 ④ | 문제 해결 |

다음은 뜨거운 물에 녹차를 우릴 때 해야 할 일과 각각의 일을 하는 데 걸린 시간, 아현이가 녹차를 우린 순서를 나타낸 것입니다. 아현이의 방법으로 녹차를 우리면 16분이 걸립니다. 녹차를 최대한 빨리 우릴 수 있는 방법으로 순서를 다시 정하려고 합니다. 물음에 답하세요.

- 녹차 우리기: 컵 씻기(1분), 뜨거운 물에 녹차 우리기(2분), 주전자 씻기(3분), 물 끓이기(10분)
- 아현이가 녹차를 우린 순서: 주전자 씻기(3분) → 컵 씻기(1분) → 물 끓이기(10분) → 뜨거운 물에 녹차 우리기(2분) ➡ 걸린 시간: 16분

⦿ 가장 먼저 할 일과 가장 나중에 할 일을 정해 보세요.

⦿ 한 가지 일을 하는 동안 할 수 있는 다른 일이 있는지 생각해 보세요.

⦿ 일을 최대한 빨리 처리할 수 있는 순서를 정하고, 걸린 시간을 구해 보세요.

안쌤 Tip

몇 가지 일을 동시에 할 수 있다면 일을 처리하는 시간을 절약할 수 있어요.

다음은 라면을 끓일 때와 계란을 삶을 때 해야 할 일과 각각의 일을 하는 데 걸린 시간을 나타낸 것입니다. 가스레인지의 구멍이 2개일 때, 라면 끓이기와 계란 삶기를 최대한 빨리 처리하는 데 걸린 시간을 구해 보세요.

- 라면 끓이기: 라면 넣고 익히기(4분), 라면 물 끓이기(8분)
- 계란 삶기: 계란 식히기(8분), 계란 삶기(13분)

→ 걸린 시간: ☐ 분

Unit 08

정답 ≫ 101쪽

퍼즐
수학 사고력
UP!
MEMO

정답
확인해 볼까요?

Unit

01 시계 보기 | 측정 |

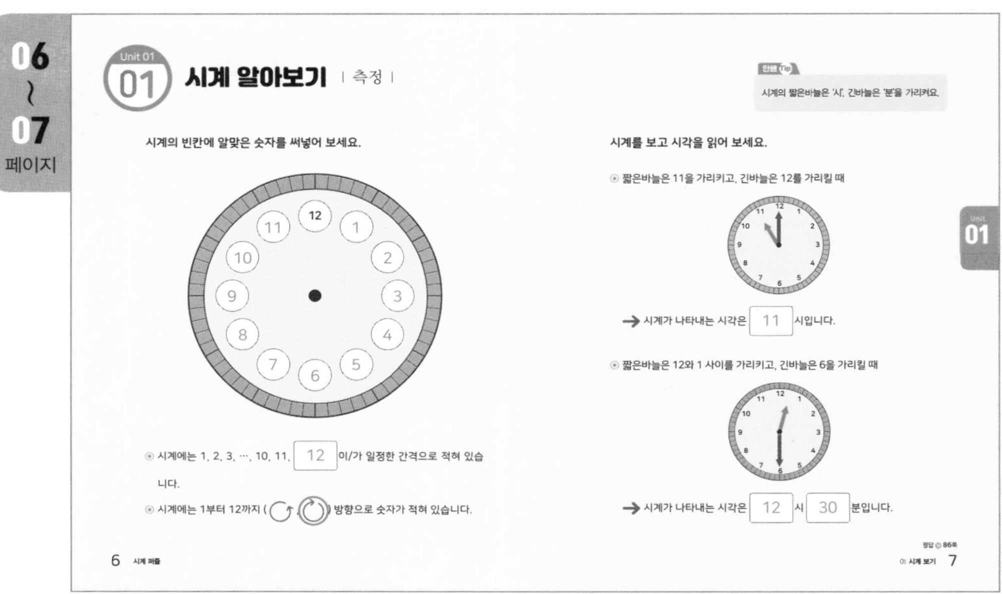

06 ~ 07 페이지
Unit 01 01 시계 알아보기 | 측정 |
시계의 빈칸에 알맞은 숫자를 써넣어 보세요.
시계에는 1, 2, 3, …, 10, 11, 12 이/가 일정한 간격으로 적혀 있습니다.
시계에는 1부터 12까지 방향으로 숫자가 적혀 있습니다.
시계의 짧은바늘은 '시', 긴바늘은 '분'을 가리켜요.
시계를 보고 시각을 읽어 보세요.
짧은바늘은 11을 가리키고, 긴바늘은 12를 가리킬 때
시계가 나타내는 시각은 11 시입니다.
짧은바늘은 12와 1 사이를 가리키고, 긴바늘은 6을 가리킬 때
시계가 나타내는 시각은 12 시 30 분입니다.

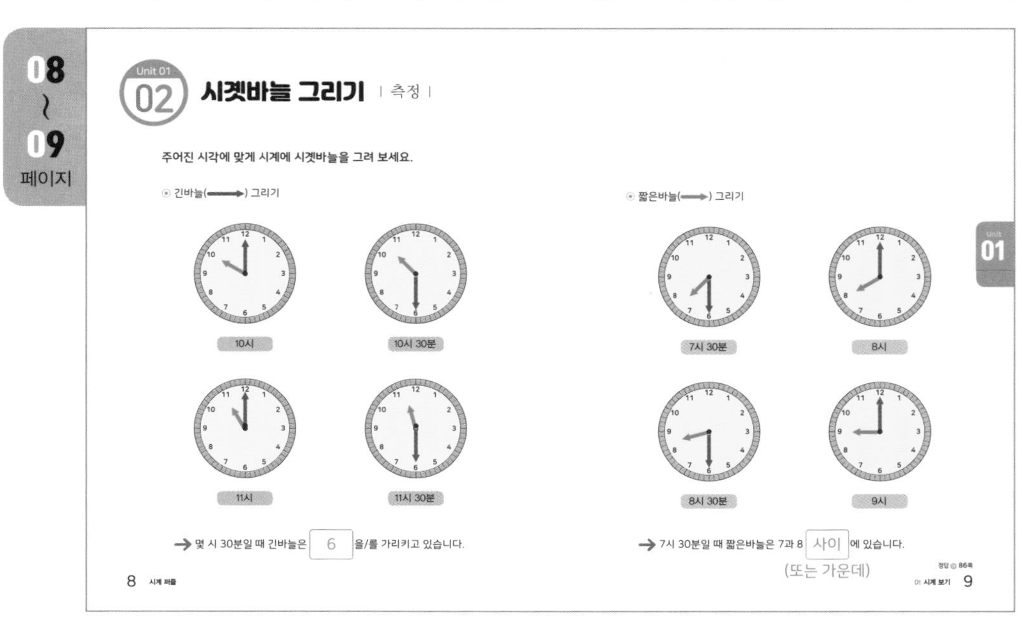

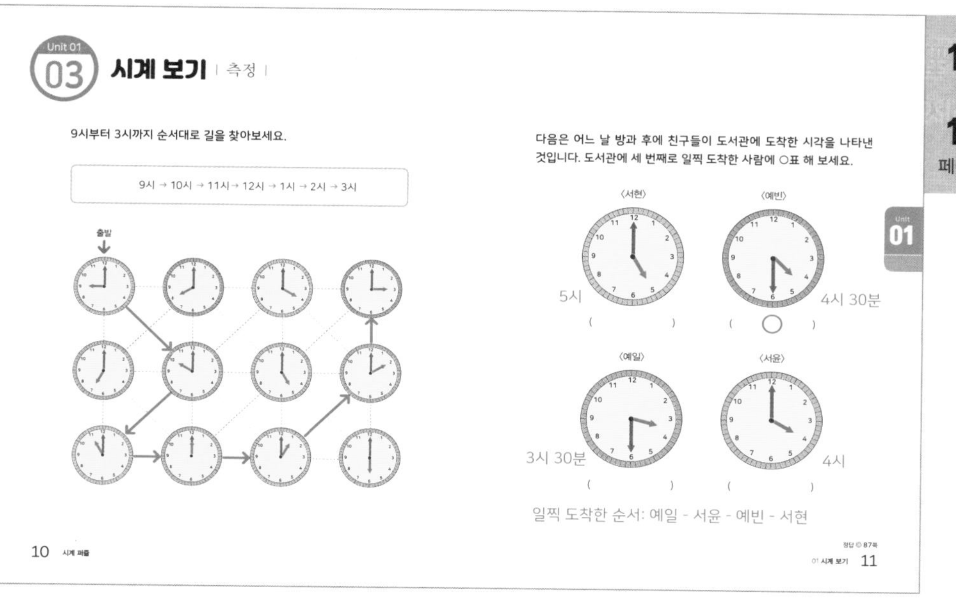
Unit 01
03
시계 보기 | 측정 |
9시부터 3시까지 순서대로 길을 찾아보세요.
9시 → 10시 → 11시 → 12시 → 1시 → 2시 → 3시
출발
다음은 어느 날 방과 후에 친구들이 도서관에 도착한 시각을 나타낸 것입니다. 도서관에 세 번째로 일찍 도착한 사람에 ○표 해 보세요.
〈서현〉
〈예빈〉
5시
4시 30분
( )
(○)
〈예일〉
〈서윤〉
3시 30분
4시
( )
( )
일찍 도착한 순서: 예일 - 서윤 - 예빈 - 서현
10 시계 퍼즐
정답 ◎ 87쪽
01 시계 보기 11
10 ~ 11 페이지
Unit 01

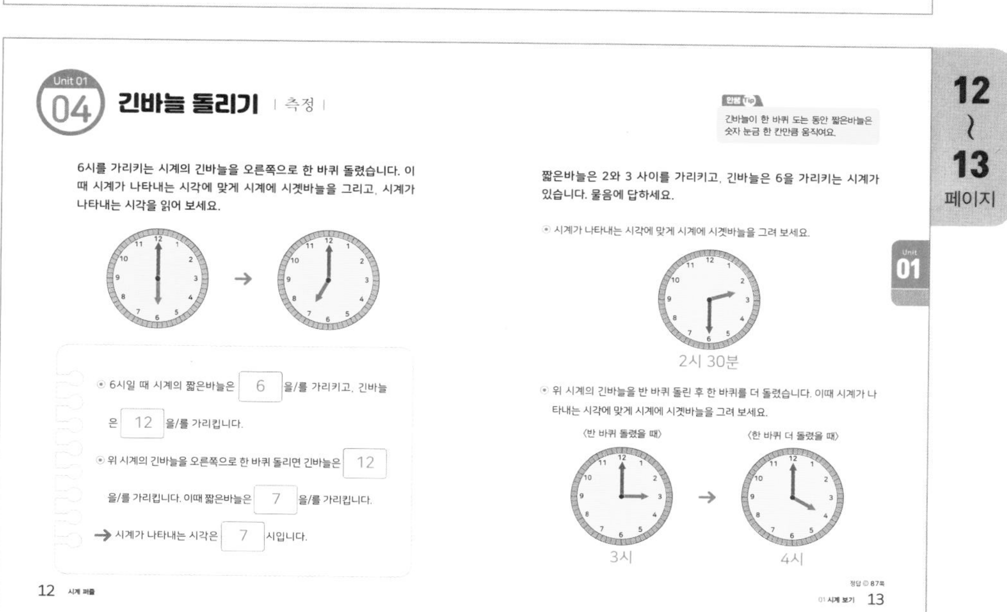
Unit 01
04
긴바늘 돌리기 | 측정 |
6시를 가리키는 시계의 긴바늘을 오른쪽으로 한 바퀴 돌렸습니다. 이때 시계가 나타내는 시각에 맞게 시계에 시곗바늘을 그리고, 시계가 나타내는 시각을 읽어 보세요.
6시일 때 시계의 짧은바늘은 6 을/를 가리키고, 긴바늘은 12 을/를 가리킵니다.
위 시계의 긴바늘을 오른쪽으로 한 바퀴 돌리면 긴바늘은 12 을/를 가리킵니다. 이때 짧은바늘은 7 을/를 가리킵니다.
→ 시계가 나타내는 시각은 7 시입니다.
안쌤 Tip
긴바늘이 한 바퀴 도는 동안 짧은바늘은 숫자 눈금 한 칸만큼 움직여요.
짧은바늘은 2와 3 사이를 가리키고, 긴바늘은 6을 가리키는 시계가 있습니다. 물음에 답하세요.
시계가 나타내는 시각에 맞게 시계에 시곗바늘을 그려 보세요.
2시 30분
위 시계의 긴바늘을 반 바퀴 돌린 후 한 바퀴를 더 돌렸습니다. 이때 시계가 나타내는 시각에 맞게 시계에 시곗바늘을 그려 보세요.
〈반 바퀴 돌렸을 때〉
〈한 바퀴 더 돌렸을 때〉
3시
4시
12 시계 퍼즐
정답 ◎ 87쪽
01 시계 보기 13
12 ~ 13 페이지
Unit 01

5분 단위의 시각 | 측정 |

16 ~ 17 페이지

Unit 02 01 5분 단위의 시각 | 측정 |

시계에서 각각의 수가 몇 분을 나타내는지 써넣고, 시계가 나타내는 시각을 읽어 보세요.

55 분, 5 분, 50 분, 10 분, 45 분, 15 분, 40 분, 20 분, 35 분, 25 분, 30 분

→ 시계가 나타내는 시각은 6 시 15 분입니다.

주어진 시각을 바르게 나타낸 시계를 찾아 ○표 해 보세요.

⊙ 10시 25분

( ) (○)

짧은바늘이 10과 11 사이에 있어야 합니다.

⊙ 9시 40분

(○) ( )

짧은바늘이 9와 10 사이에 있어야 합니다.

정답 ⓒ 88쪽

16 시계 퍼즐 02 5분 단위의 시각 17

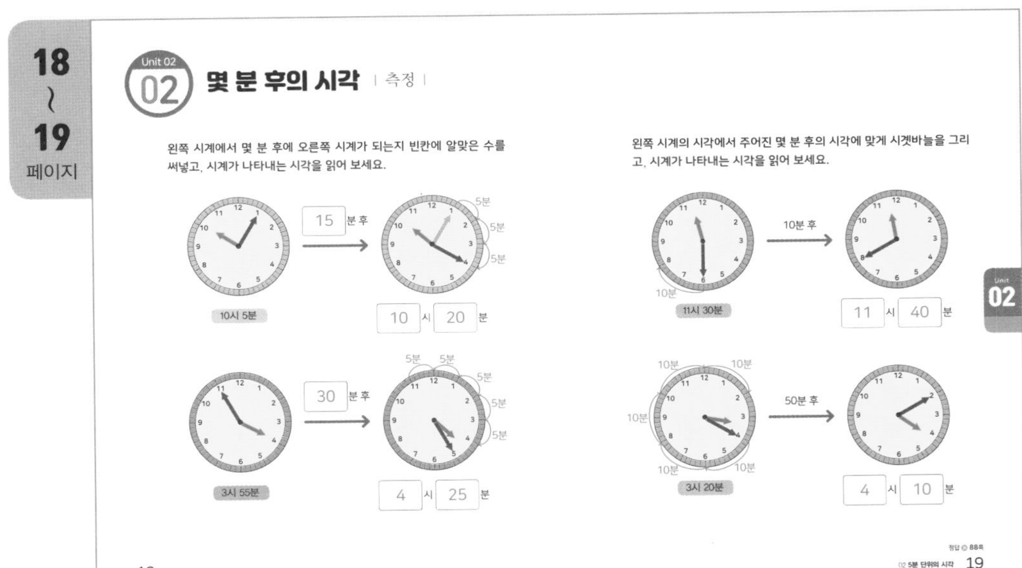

18 ~ 19 페이지
Unit 02
02 몇 분 후의 시각 | 측정 |
왼쪽 시계에서 몇 분 후에 오른쪽 시계가 되는지 빈칸에 알맞은 수를 써넣고, 시계가 나타내는 시각을 읽어 보세요.
15 분 후
10시 5분
10 시 20 분
30 분 후
3시 55분
4 시 25 분
왼쪽 시계의 시각에서 주어진 몇 분 후의 시각에 맞게 시곗바늘을 그리고, 시계가 나타내는 시각을 읽어 보세요.
10분 후
11시 30분
11 시 40 분
50분 후
3시 20분
4 시 10 분
정답 ⓒ 88쪽
18 시계 퍼즐
02 5분 단위의 시각 19

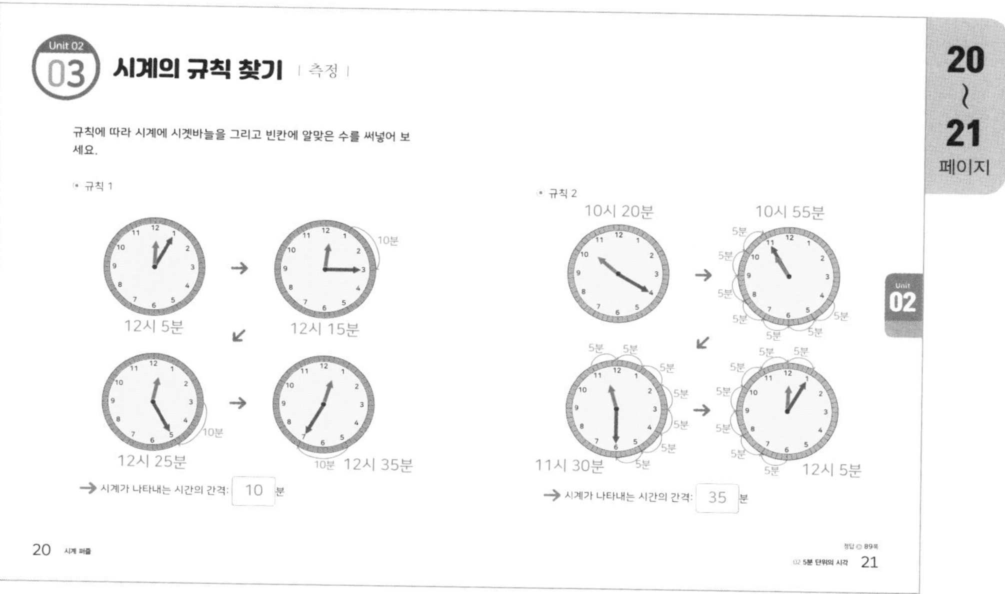
Unit 02
03 시계의 규칙 찾기 | 측정 |
규칙에 따라 시계에 시곗바늘을 그리고 빈칸에 알맞은 수를 써넣어 보세요.
규칙 1
12시 5분
12시 15분
12시 25분
12시 35분
10분
시계가 나타내는 시간의 간격: 10 분
규칙 2
10시 20분
10시 55분
11시 30분
12시 5분
5분
시계가 나타내는 시간의 간격: 35 분
20 시계 퍼즐
정답 ◎ 89쪽
02 5분 단위의 시각 21
20 ~ 21 페이지

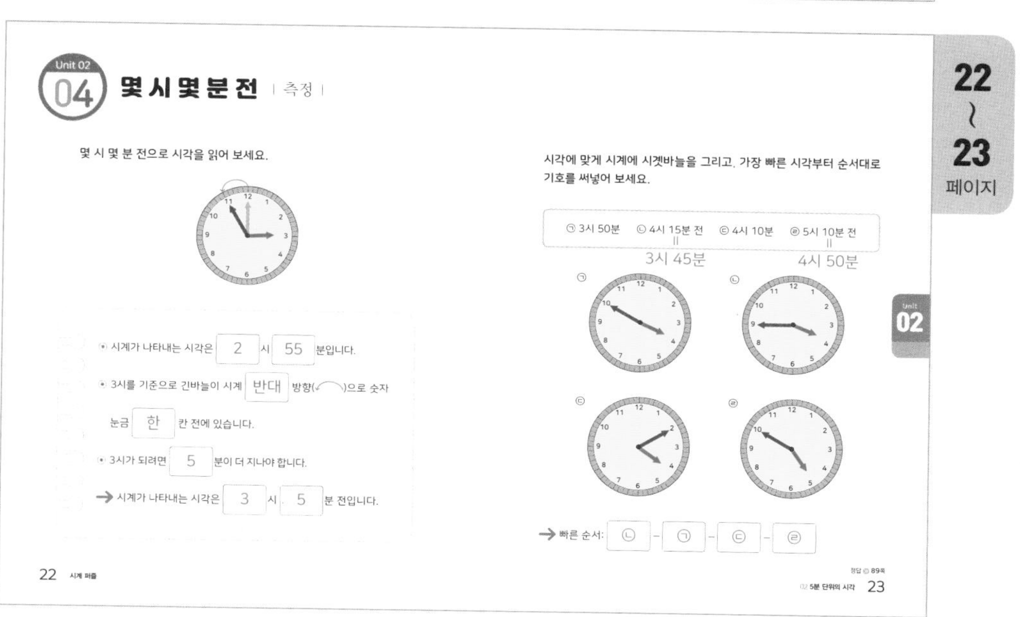
Unit 02
04 몇 시 몇 분 전 | 측정 |
몇 시 몇 분 전으로 시각을 읽어 보세요.
시계가 나타내는 시각은 2 시 55 분입니다.
3시를 기준으로 긴바늘이 시계 반대 방향으로 숫자 눈금 한 칸 전에 있습니다.
3시가 되려면 5 분이 더 지나야 합니다.
시계가 나타내는 시각은 3 시 5 분 전입니다.
시각에 맞게 시계에 시곗바늘을 그리고, 가장 빠른 시각부터 순서대로 기호를 써넣어 보세요.
㉠ 3시 50분 ㉡ 4시 15분 전 ㉢ 4시 10분 ㉣ 5시 10분 전
3시 45분
4시 50분
빠른 순서: ㉡ - ㉠ - ㉢ - ㉣
22 시계 퍼즐
정답 ◎ 89쪽
02 5분 단위의 시각 23
22 ~ 23 페이지

Unit 03

시각과 시간 | 측정 |

26~27 페이지

01 시각과 시간 ① | 측정 |

시계에서 각각의 눈금이 몇 분을 나타내는지 써넣고, 시계가 나타내는 시각을 읽어 보세요.

20분, 21분, 22분, 23분, 24분

→ 시계가 나타내는 시각은 12시 23분입니다.

한뼘 Tip: 시계에서 긴바늘이 가리키는 작은 눈금 한 칸은 1분을 나타내요.

왼쪽 시계에서 긴바늘이 한 바퀴 돌면 오른쪽 시계가 됩니다. 빈칸에 알맞은 수를 써넣어 보세요.

60분 후

5시 … 6시 (10분, 20분, 30분, 40분, 50분)

- 5시에서 긴바늘이 한 바퀴 돌면 6시가 됩니다.
- 시계의 긴바늘이 한 바퀴 도는 데 60분의 시간이 걸립니다.
- 시계의 긴바늘이 한 바퀴 도는 데 걸린 시간은 1시간입니다.

긴바늘이 한 바퀴 도는 동안 짧은바늘은 숫자 눈금 한 칸만큼 움직입니다. → 60분 = 1시간

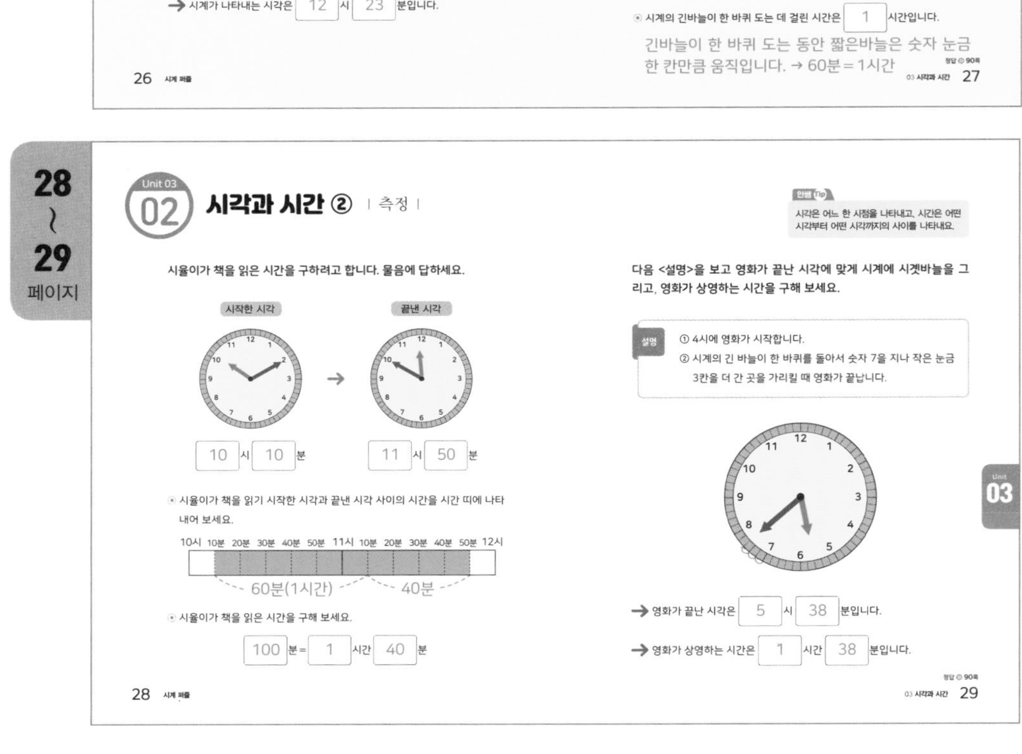

28~29 페이지

02 시각과 시간 ② | 측정 |

시율이가 책을 읽은 시간을 구하려고 합니다. 물음에 답하세요.

시작한 시각: 10시 10분 → 끝낸 시각: 11시 50분

- 시율이가 책을 읽기 시작한 시각과 끝낸 시각 사이의 시간을 시간 띠에 나타내어 보세요.

10시 10분 20분 30분 40분 50분 11시 10분 20분 30분 40분 50분 12시

60분(1시간) 40분

- 시율이가 책을 읽은 시간을 구해 보세요.

100분 = 1시간 40분

한뼘 Tip: 시각은 어느 한 시점을 나타내고, 시간은 어떤 시각부터 어떤 시각까지의 사이를 나타내요.

다음 <설명>을 보고 영화가 끝난 시각에 맞게 시계에 시곗바늘을 그리고, 영화가 상영하는 시간을 구해 보세요.

설명
① 4시에 영화가 시작합니다.
② 시계의 긴 바늘이 한 바퀴를 돌아서 숫자 7을 지나 작은 눈금 3칸을 더 간 곳을 가리킬 때 영화가 끝납니다.

→ 영화가 끝난 시각은 5시 38분입니다.

→ 영화가 상영하는 시간은 1시간 38분입니다.

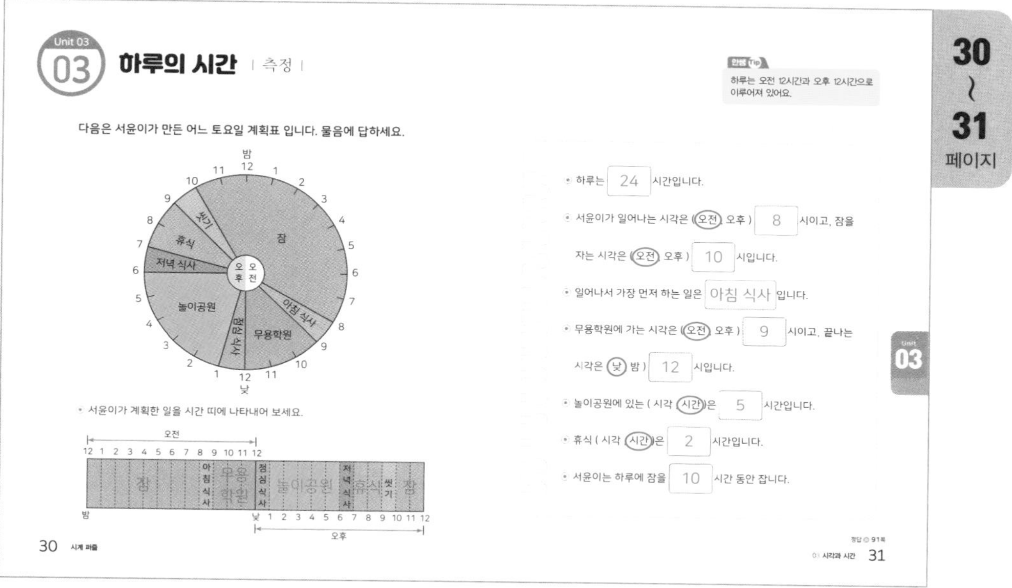

Unit 03

03 하루의 시간 | 측정 |

30 ~ 31 페이지

안쌤 Tip
하루는 오전 12시간과 오후 12시간으로 이루어져 있어요.

다음은 서윤이가 만든 어느 토요일 계획표 입니다. 물음에 답하세요.

- 서윤이가 계획한 일을 시간 띠에 나타내어 보세요.

- 하루는 24 시간입니다.
- 서윤이가 일어나는 시각은 (오전, 오후) 8 시이고, 잠을 자는 시각은 (오전, 오후) 10 시입니다.
- 일어나서 가장 먼저 하는 일은 아침 식사 입니다.
- 무용학원에 가는 시각은 (오전, 오후) 9 시이고, 끝나는 시각은 (낮, 밤) 12 시입니다.
- 놀이공원에 있는 (시각, 시간)은 5 시간입니다.
- 휴식 (시각, 시간)은 2 시간입니다.
- 서윤이는 하루에 잠을 10 시간 동안 잡니다.

04 시간표 만들기 | 측정 |

32 ~ 33 페이지

다음 <설명>을 읽고 박물관 전시 해설 시간표를 완성해 보세요.

① 전시 해설 시작 시각은 오후 1시입니다.
② 각 회차 전시 해설 시간은 30분입니다.
③ 10분 휴식 후에 다시 전시 해설을 시작합니다.

구분	박물관 전시 해설 시간(오후)
1회	1시 ~ 1시 30분
2회	1시 40분 ~ 2시 10분
3회	2시 20분 ~ 2시 50분
4회	3시 ~ 3시 30분
5회	3시 40분 ~ 4시 10분
6회	4시 20분 ~ 4시 50분

다음은 같은 노선을 일정한 시간 간격으로 출발하는 버스의 출발 시각을 나타낸 시간표입니다. 물음에 답하세요.

구분	버스의 출발 시각
첫 번째	오전 9시 7분
두 번째	오전 9시 57분
세 번째	?
⋮	⋮

- 버스는 몇 분 간격으로 출발하는지 구해 보세요.
  50분
- 세 번째 버스가 출발하는 시각은 오전 몇 시 몇 분인지 구해 보세요.
  오전 10시 47분
- 위 노선으로 운행하는 버스는 오전 9시부터 오후 2시 30분까지 모두 몇 번 출발하는지 구해 보세요. 7번
  버스 출발 시각: 오전 9시 7분, 오전 9시 57분, 오전 10시 47분, 오전 11시 37분, 오후 12시 27분, 오후 1시 17분, 오후 2시 7분

Unit

04 거울에 비친 시계 | 도형 |

36 ~ 37 페이지

Unit 04 01 거울에 비친 모양 | 도형 |

다음은 거울에 비친 수입니다. 가장 큰 수와 가장 작은 수의 합과 차를 구해 보세요.

47	25	51
94	12	76
83	66	39

⊙ 가장 큰 수와 가장 작은 수의 합: 94 + 12 = 106

⊙ 가장 큰 수와 가장 작은 수의 차: 94 - 12 = 82

거울에 비추었을 때 원래의 모양과 변하지 않는 것은 그 모양의 가운데에 세로줄을 긋고, 세로줄을 중심으로 접으면 완전히 겹치는 대칭이 됩니다.

만점 Tip 거울에 비친 모양은 왼쪽과 오른쪽이 바뀌어 보여요.

거울에 비친 모양이 왼쪽과 오른쪽이 바뀌지 않고 원래의 모양과 같은 것을 모두 찾아 ○표 해 보세요.

거울

4	(8)	9
ㄱ	ㄷ	(ㅁ)
(ㅂ)	(ㅅ)	ㅋ
(A)	F	G
(H)	J	S

정답 ◎ 92쪽

38 ~ 39 페이지

Unit 04 02 거울에 비친 시계 ① | 도형 |

왼쪽 시계가 나타내는 시각을 읽고, 오른쪽 거울에 비친 시계에 시곗바늘을 그려 보세요.

8 시 50 분

5 시 7 분

거울에 비친 시계를 보고, 시계가 실제로 가리키는 시각을 읽어 보세요.

5 시 45 분

9 시 19 분

2 시 12 분

12 시 38 분

정답 ◎ 92쪽

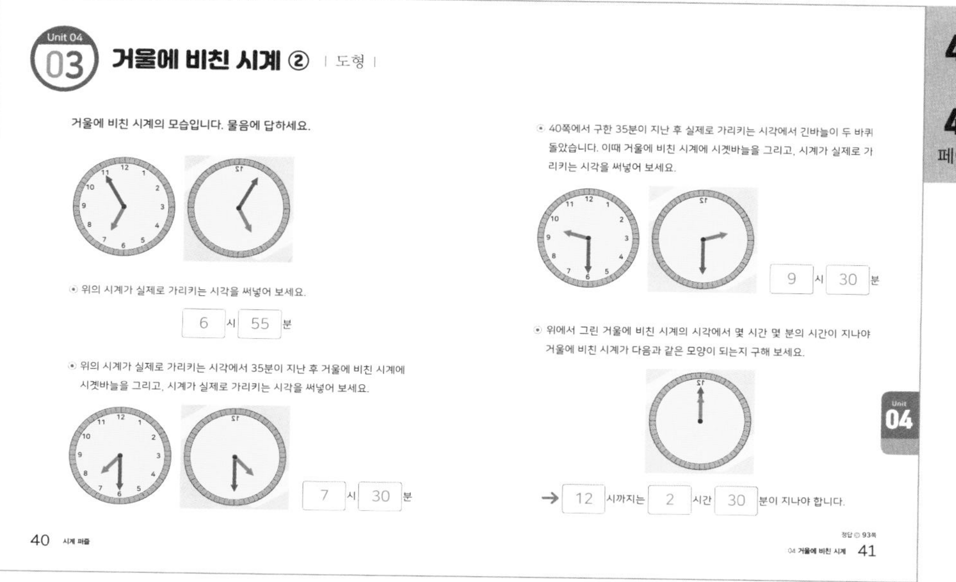
40 ~ 41 페이지
Unit 04
03 거울에 비친 시계 ② | 도형 |
거울에 비친 시계의 모습입니다. 물음에 답하세요.
위의 시계가 실제로 가리키는 시각을 써넣어 보세요.
6 시 55 분
위의 시계가 실제로 가리키는 시각에서 35분이 지난 후 거울에 비친 시계에 시곗바늘을 그리고, 시계가 실제로 가리키는 시각을 써넣어 보세요.
7 시 30 분
40쪽에서 구한 35분이 지난 후 실제로 가리키는 시각에서 긴바늘이 두 바퀴 돌았습니다. 이때 거울에 비친 시계에 시곗바늘을 그리고, 시계가 실제로 가리키는 시각을 써넣어 보세요.
9 시 30 분
위에서 그린 거울에 비친 시계의 시각에서 몇 시간 몇 분의 시간이 지나야 거울에 비친 시계가 다음과 같은 모양이 되는지 구해 보세요.
12 시까지는 2 시간 30 분이 지나야 합니다.
40 시계 퍼즐
정답 93쪽
04 거울에 비친 시계 41

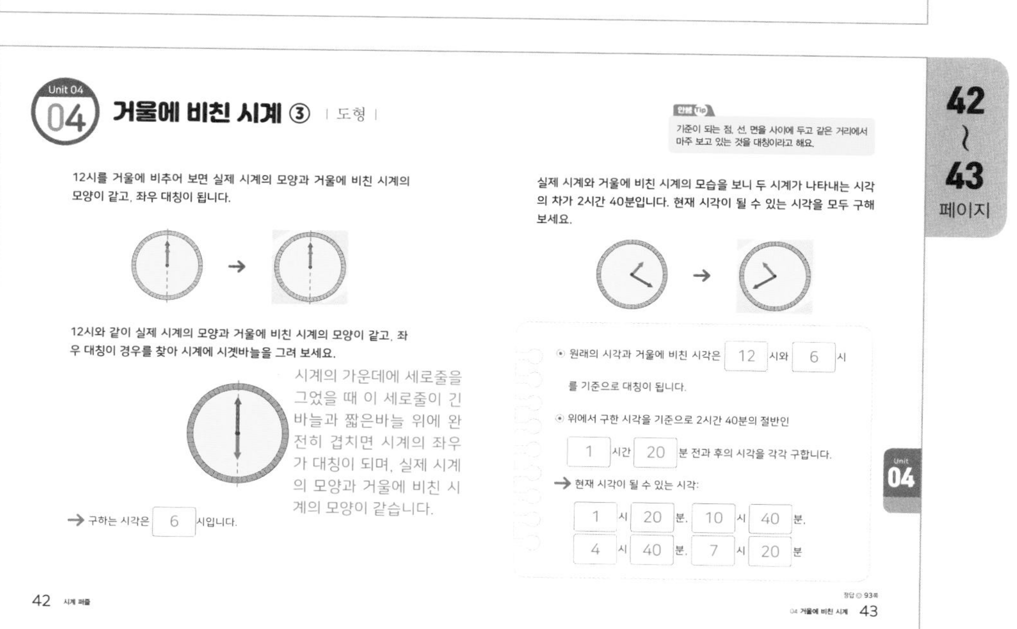
42 ~ 43 페이지
Unit 04
04 거울에 비친 시계 ③ | 도형 |
12시를 거울에 비추어 보면 실제 시계의 모양과 거울에 비친 시계의 모양이 같고, 좌우 대칭이 됩니다.
12시와 같이 실제 시계의 모양과 거울에 비친 시계의 모양이 같고, 좌우 대칭이 경우를 찾아 시계에 시곗바늘을 그려 보세요.
시계의 가운데에 세로줄을 그었을 때 이 세로줄이 긴바늘과 짧은바늘 위에 완전히 겹치면 시계의 좌우가 대칭이 되며, 실제 시계의 모양과 거울에 비친 시계의 모양이 같습니다.
구하는 시각은 6 시입니다.
안쌤 Tip
기준이 되는 점, 선, 면을 사이에 두고 같은 거리에서 마주 보고 있는 것을 대칭이라고 해요.
실제 시계와 거울에 비친 시계의 모습을 보니 두 시계가 나타내는 시각의 차가 2시간 40분입니다. 현재 시각이 될 수 있는 시각을 모두 구해 보세요.
원래의 시각과 거울에 비친 시각은 12 시와 6 시를 기준으로 대칭이 됩니다.
위에서 구한 시각을 기준으로 2시간 40분의 절반인 1 시간 20 분 전과 후의 시각을 각각 구합니다.
현재 시각이 될 수 있는 시각:
1 시 20 분, 10 시 40 분,
4 시 40 분, 7 시 20 분
42 시계 퍼즐
정답 93쪽
04 거울에 비친 시계 43

시간의 합과 차 | 수와 연산 |

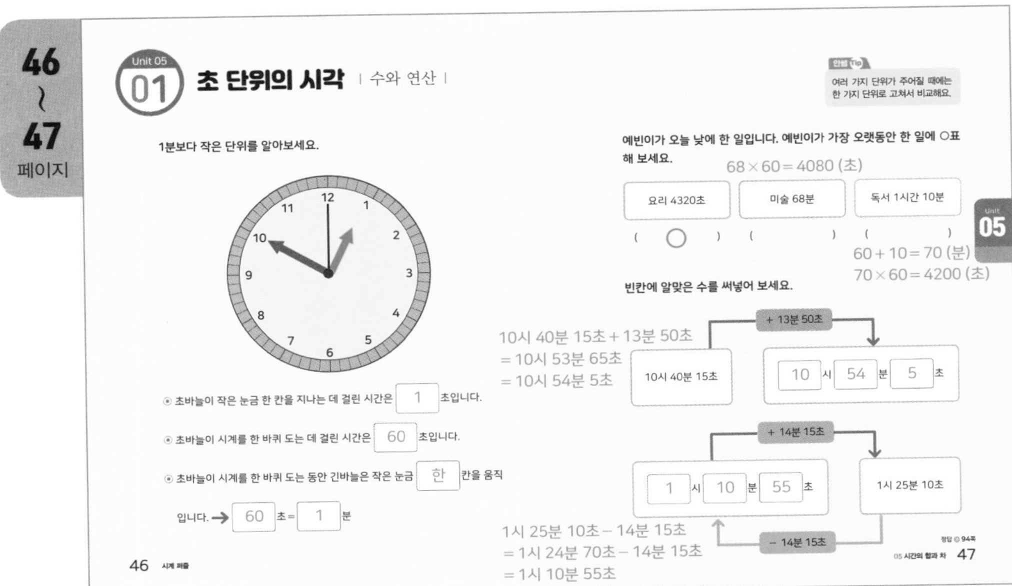

46 ~ 47 페이지

Unit 05 01 **초 단위의 시각** | 수와 연산 |

1분보다 작은 단위를 알아보세요.

- 초바늘이 작은 눈금 한 칸을 지나는 데 걸린 시간은 [1] 초입니다.
- 초바늘이 시계를 한 바퀴 도는 데 걸린 시간은 [60] 초입니다.
- 초바늘이 시계를 한 바퀴 도는 동안 긴바늘은 작은 눈금 [한] 칸을 움직입니다. → [60] 초 = [1] 분

만렙 Tip: 여러 가지 단위가 주어질 때에는 한 가지 단위로 고쳐서 비교해요.

예빈이가 오늘 낮에 한 일입니다. 예빈이가 가장 오랫동안 한 일에 ○표 해 보세요.

68 × 60 = 4080 (초)

요리 4320초	미술 68분	독서 1시간 10분
(○)	( )	( )

60 + 10 = 70 (분)
70 × 60 = 4200 (초)

빈칸에 알맞은 수를 써넣어 보세요.

10시 40분 15초 —(+ 13분 50초)→ [10] 시 [54] 분 [5] 초

10시 40분 15초 + 13분 50초
= 10시 53분 65초
= 10시 54분 5초

[1] 시 [10] 분 [55] 초 ←(− 14분 15초)— 1시 25분 10초

1시 25분 10초 − 14분 15초
= 1시 24분 70초 − 14분 15초
= 1시 10분 55초

46 시계 퍼즐 정답 ◎ 94쪽 05 시간의 합과 차 47

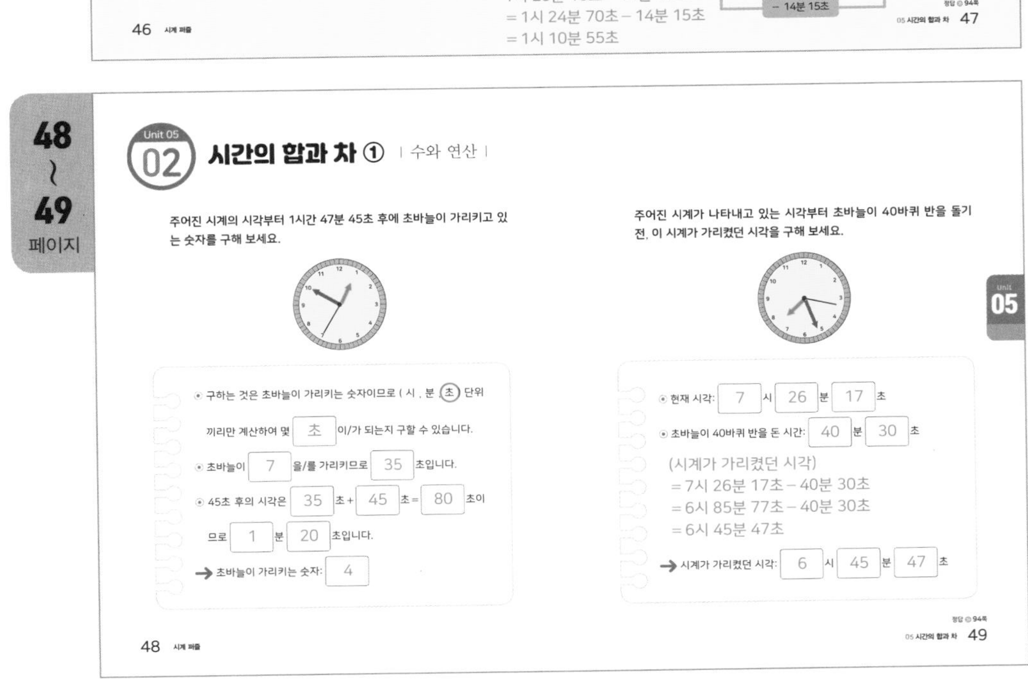

48 ~ 49 페이지

Unit 05 02 **시간의 합과 차 ①** | 수와 연산 |

주어진 시계의 시각부터 1시간 47분 45초 후에 초바늘이 가리키고 있는 숫자를 구해 보세요.

- 구하는 것은 초바늘이 가리키는 숫자이므로 (시 , 분 , (초)) 단위끼리만 계산하여 몇 [초] 이/가 되는지 구할 수 있습니다.
- 초바늘이 [7] 을/를 가리키므로 [35] 초입니다.
- 45초 후의 시각은 [35] 초 + [45] 초 = [80] 초이므로 [1] 분 [20] 초입니다.

→ 초바늘이 가리키는 숫자: [4]

주어진 시계가 나타내고 있는 시각부터 초바늘이 40바퀴 반을 돌기 전, 이 시계가 가리켰던 시각을 구해 보세요.

- 현재 시각: [7] 시 [26] 분 [17] 초
- 초바늘이 40바퀴 반을 돈 시간: [40] 분 [30] 초

(시계가 가리켰던 시각)
= 7시 26분 17초 − 40분 30초
= 6시 85분 77초 − 40분 30초
= 6시 45분 47초

→ 시계가 가리켰던 시각: [6] 시 [45] 분 [47] 초

48 시계 퍼즐 정답 ◎ 94쪽 05 시간의 합과 차 49

50 ~ 51 페이지

Unit 05 03 시간의 합과 차 ② | 수와 연산 |

다음은 마라톤 대회에서 세계 신기록을 낸 선수의 기록입니다. 이 선수가 결승점에 도착한 시각을 구하고, 결승점에 도착한 시각에 맞게 시계에 시곗바늘을 그려 보세요.

출발 시각	9시 30분 10초
기록	2시간 35초
도착 시각	11시 30분 45초

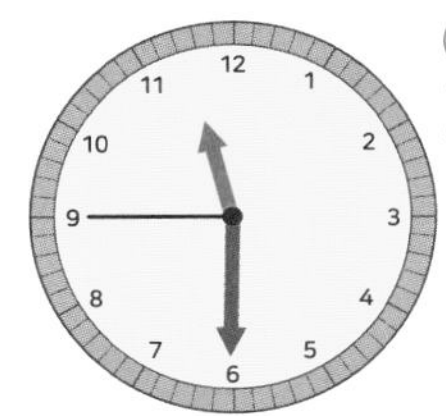

(도착 시각)
= 9시 30분 10초 + 2시간 35초
= 11시 30분 45초

짧은바늘은 11과 12 사이를, 긴바늘은 6 다음의 작은 눈금 첫 번째 칸 사이를, 초바늘은 9를 가리키도록 그려야 합니다.

다음은 어떤 기차가 기차역에서 출발한 후 이동 시간과 도착 시각을 나타낸 것입니다. 이 기차의 출발 시각을 구하고, 출발 시각에 맞게 시계에 시곗바늘을 그려 보세요.

출발 시각	1시 33분 10초
이동 시간	2시간 51분 17초
도착 시각	4시 24분 27초

(출발 시각)
= 4시 24분 27초 − 2시간 51분 17초
= 3시 84분 27초 − 2시간 51분 17초
= 1시 33분 10초

짧은바늘은 1과 2 사이를, 긴바늘은 6 다음의 작은 눈금 세 번째 칸과 네 번째 칸 사이를, 초바늘은 2를 가리키도록 그려야 합니다.

50 시계 퍼즐 · 정답 ◎ 95쪽 · 05 시간의 합과 차 51

52 ~ 53 페이지

Unit 05 04 시간의 합과 차 ③ | 수와 연산 |

5분 45초마다 울리는 종이 있습니다. 첫 번째 종이 울린 시각이 9시 15분 50초라면 네 번째 종이 울리는 시각은 몇 시 몇 분 몇 초인지 구해 보세요.

(종이 울리는 시간 간격의 합)
= 5분 45초 + 5분 45초 + 5분 45초
= 15분 135초
= 17분 15초

- 첫 번째에서 네 번째까지 종이 울리는 간격이 3 번입니다.
- 종이 울리는 시간 간격의 합은 17 분 15 초입니다.

(네 번째 종이 울리는 시각)
= 9시 15분 50초 + 17분 15초
= 9시 32분 65초
= 9시 33분 5초

→ 네 번째 종이 울리는 시각: 9 시 33 분 5 초

안쌤 Tip: 오후 1시는 13시로 나타낼 수 있어요.

어느 날의 해가 뜬 시각과 해가 진 시각을 나타낸 표입니다. 이 날의 낮의 길이는 밤의 길이보다 몇 시간 몇 분 몇 초가 더 긴지 구해 보세요.

해가 뜬 시각	오전 5시 54분 25초
해가 진 시각	오후 7시 35분 9초

- 오후 7시 35분 9초는 19 시 35분 9초입니다.
- (낮의 길이) = (해가 진 시각) − (해가 뜬 시각)이므로 13 시간 40 분 44 초입니다.
- (밤의 길이) = (24 시간) − (낮의 길이)이므로 10 시간 19 분 16 초입니다.

→ 구하는 시간: 3 시간 21 분 28 초

(낮의 길이)
= 19시 35분 9초 − 5시 54분 25초
= 18시 94분 69초 − 5시 54분 25초
= 13시간 40분 44초

(밤의 길이) = 24시간 − 13시간 40분 44초
= 23시간 59분 60초 − 13시간 40분 44초
= 10시간 19분 16초

(낮의 길이) − (밤의 길이) = 13시간 40분 44초 − 10시간 19분 16초
= 3시간 21분 28초

52 시계 퍼즐 · 정답 ◎ 95쪽 · 05 시간의 합과 차 53

Unit

06 시계와 각도 | 도형 |

56 ~ 57 페이지

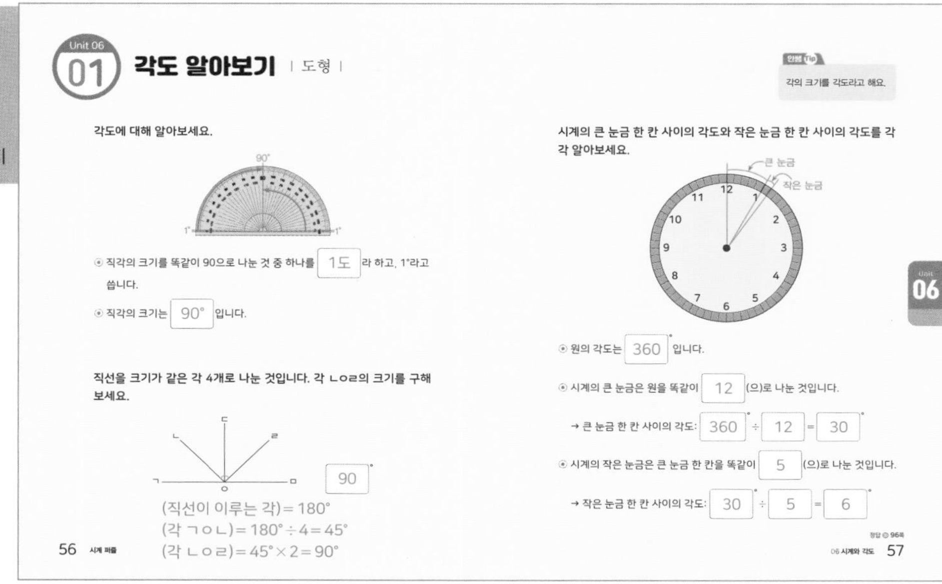

58 ~ 59 페이지

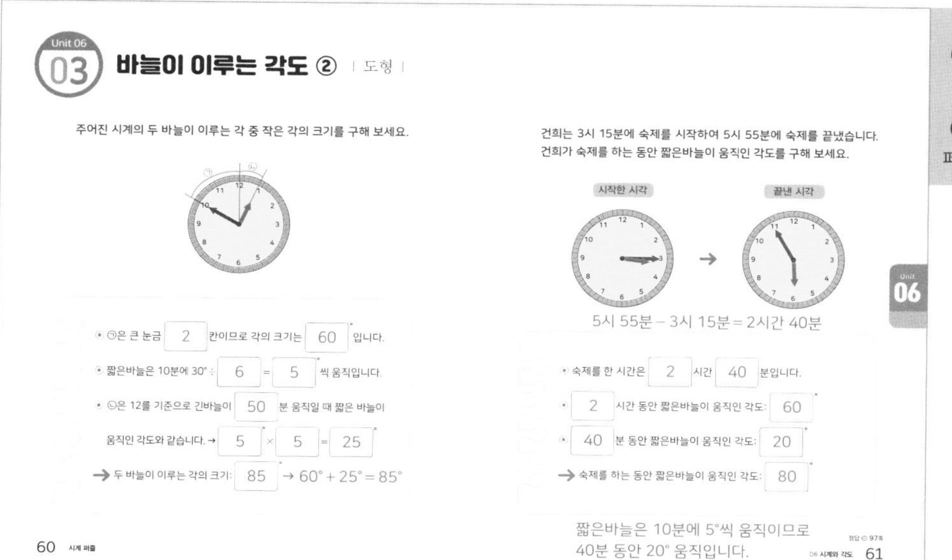
60 ~ 61 페이지
Unit 06 03 바늘이 이루는 각도 ② | 도형 |
주어진 시계의 두 바늘이 이루는 각 중 작은 각의 크기를 구해 보세요.
㉠은 큰 눈금 2 칸이므로 각의 크기는 60° 입니다.
짧은바늘은 10분에 30° ÷ 6 = 5° 씩 움직입니다.
㉡은 12를 기준으로 긴바늘이 50 분 움직일 때 짧은 바늘이 움직인 각도와 같습니다. → 5 × 5 = 25°
→ 두 바늘이 이루는 각의 크기: 85° → 60° + 25° = 85°
건희는 3시 15분에 숙제를 시작하여 5시 55분에 숙제를 끝냈습니다. 건희가 숙제를 하는 동안 짧은바늘이 움직인 각도를 구해 보세요.
시작한 시각
끝낸 시각
5시 55분 − 3시 15분 = 2시간 40분
숙제를 한 시간은 2 시간 40 분입니다.
2 시간 동안 짧은바늘이 움직인 각도: 60°
40 분 동안 짧은바늘이 움직인 각도: 20°
→ 숙제를 하는 동안 짧은바늘이 움직인 각도: 80°
짧은바늘은 10분에 5°씩 움직이므로 40분 동안 20° 움직입니다.
60 시계 퍼즐
정답 97쪽
06 시계와 각도 61

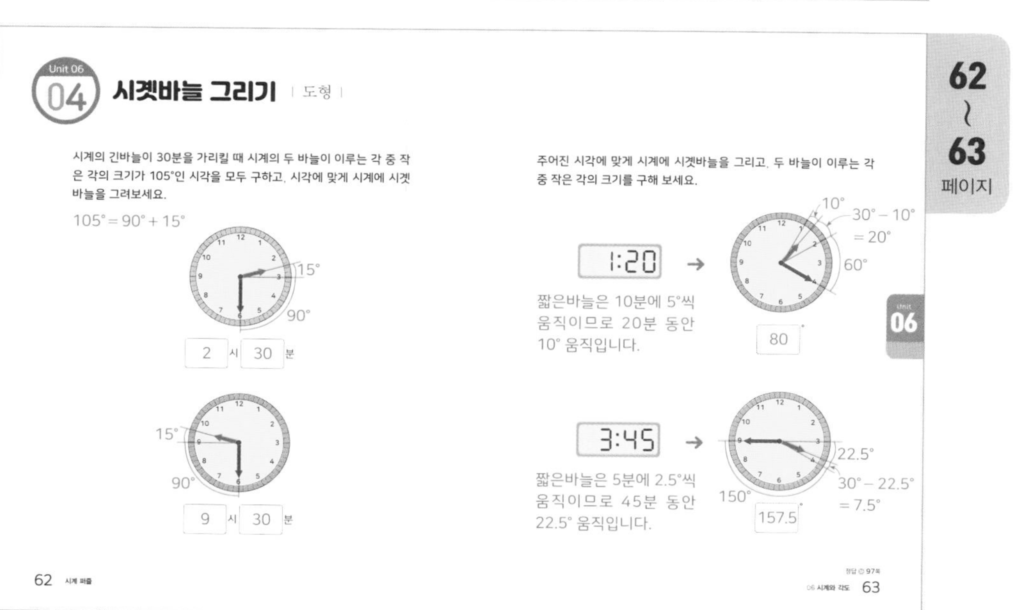
62 ~ 63 페이지
Unit 06 04 시곗바늘 그리기 | 도형 |
시계의 긴바늘이 30분을 가리킬 때 시계의 두 바늘이 이루는 각 중 작은 각의 크기가 105°인 시각을 모두 구하고, 시각에 맞게 시계에 시곗바늘을 그려보세요.
105° = 90° + 15°
15°
90°
2 시 30 분
15°
90°
9 시 30 분
주어진 시각에 맞게 시계에 시곗바늘을 그리고, 두 바늘이 이루는 각 중 작은 각의 크기를 구해 보세요.
1:20
짧은바늘은 10분에 5°씩 움직이므로 20분 동안 10° 움직입니다.
10°
30° − 10° = 20°
60°
80°
3:45
짧은바늘은 5분에 2.5°씩 움직이므로 45분 동안 22.5° 움직입니다.
22.5°
30° − 22.5° = 7.5°
150°
157.5°
62 시계 퍼즐
정답 97쪽
06 시계와 각도 63

Unit 07

고장 난 시계 | 문제 해결 |

66 ~ 67 페이지

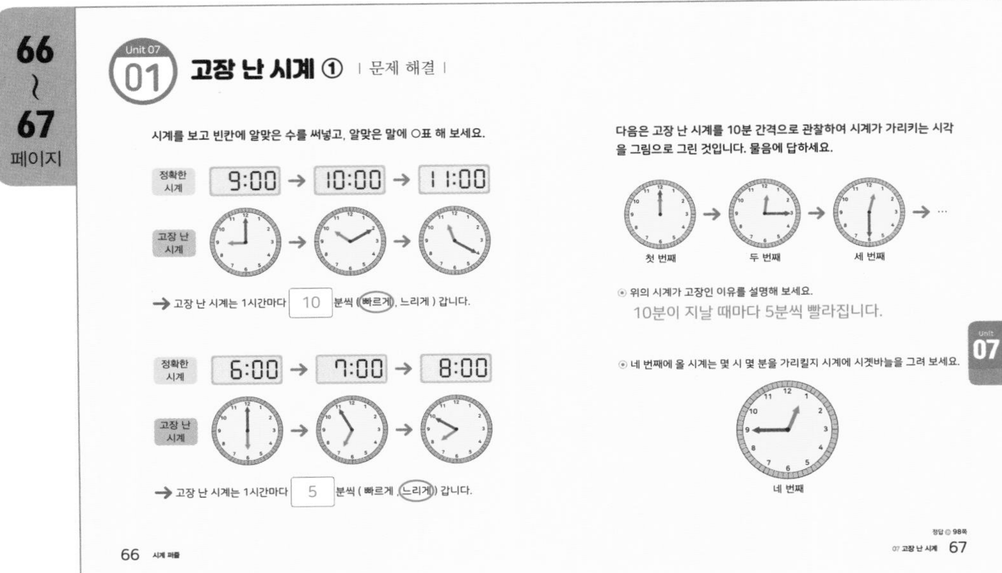

68 ~ 69 페이지

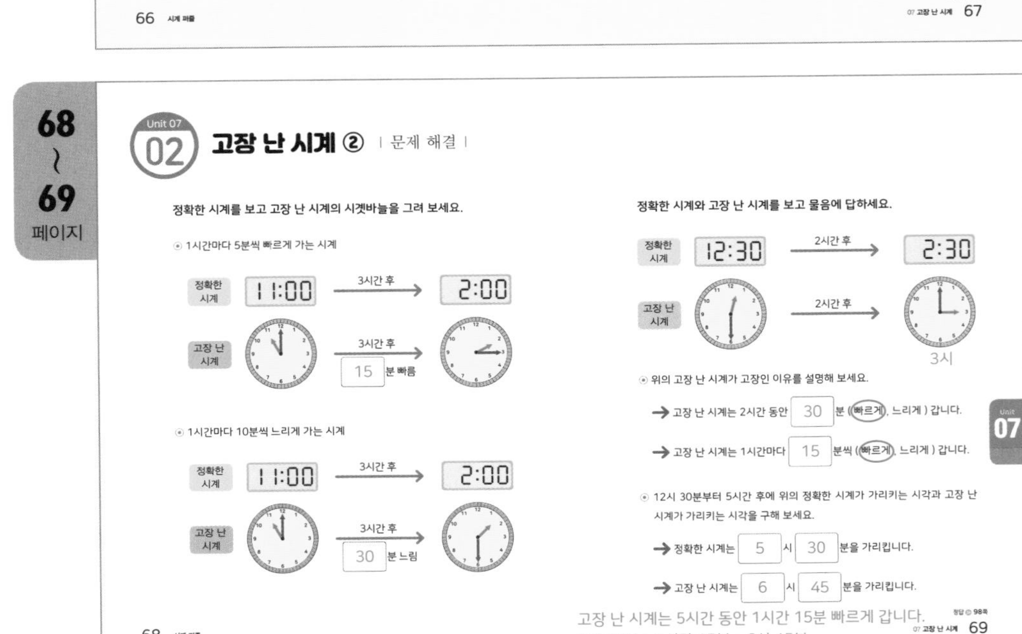

70 ~ 71 페이지

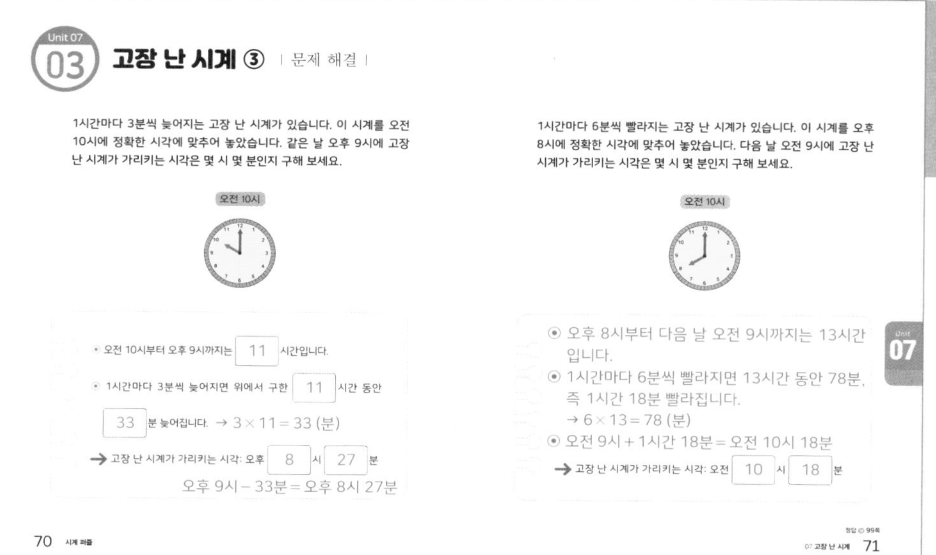

Unit 07 03 **고장 난 시계 ③** | 문제 해결 |

1시간마다 3분씩 늦어지는 고장 난 시계가 있습니다. 이 시계를 오전 10시에 정확한 시각에 맞추어 놓았습니다. 같은 날 오후 9시에 고장 난 시계가 가리키는 시각은 몇 시 몇 분인지 구해 보세요.

오전 10시

- 오전 10시부터 오후 9시까지는 11 시간입니다.
- 1시간마다 3분씩 늦어지면 위에서 구한 11 시간 동안 33 분 늦어집니다. → $3 \times 11 = 33$ (분)

→ 고장 난 시계가 가리키는 시각: 오후 8 시 27 분

오후 9시 − 33분 = 오후 8시 27분

1시간마다 6분씩 빨라지는 고장 난 시계가 있습니다. 이 시계를 오후 8시에 정확한 시각에 맞추어 놓았습니다. 다음 날 오전 9시에 고장 난 시계가 가리키는 시각은 몇 시 몇 분인지 구해 보세요.

오전 10시

- ⊙ 오후 8시부터 다음 날 오전 9시까지는 13시간입니다.
- ⊙ 1시간마다 6분씩 빨라지면 13시간 동안 78분, 즉 1시간 18분 빨라집니다.
  → $6 \times 13 = 78$ (분)
- ⊙ 오전 9시 + 1시간 18분 = 오전 10시 18분

→ 고장 난 시계가 가리키는 시각: 오전 10 시 18 분

70 시계 퍼즐

정답 ◎ 99쪽
07 고장 난 시계 71

72 ~ 73 페이지

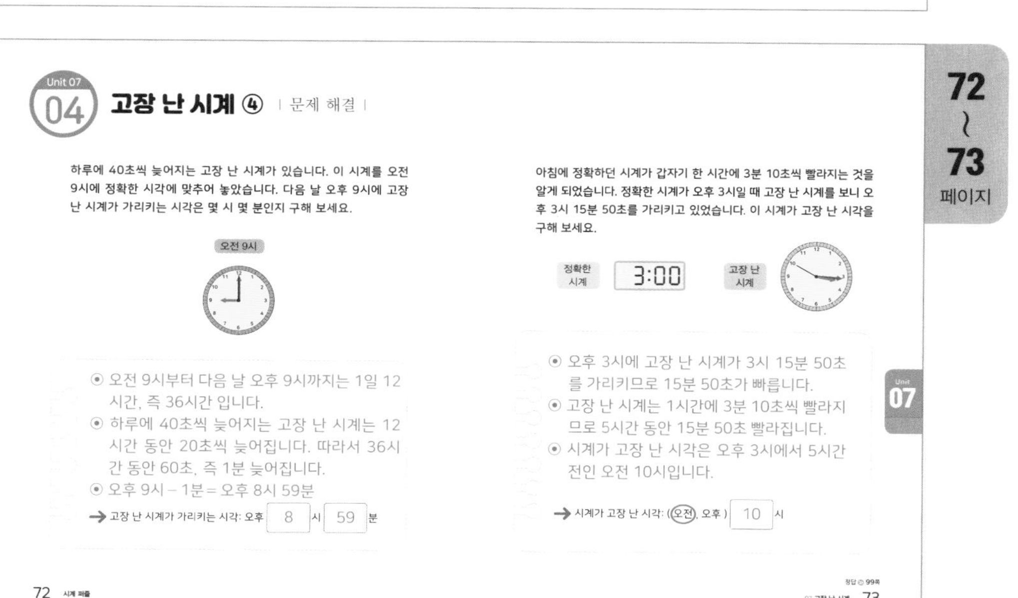

Unit 07 04 **고장 난 시계 ④** | 문제 해결 |

하루에 40초씩 늦어지는 고장 난 시계가 있습니다. 이 시계를 오전 9시에 정확한 시각에 맞추어 놓았습니다. 다음 날 오후 9시에 고장 난 시계가 가리키는 시각은 몇 시 몇 분인지 구해 보세요.

오전 9시

- ⊙ 오전 9시부터 다음 날 오후 9시까지는 1일 12시간, 즉 36시간 입니다.
- ⊙ 하루에 40초씩 늦어지는 고장 난 시계는 12시간 동안 20초씩 늦어집니다. 따라서 36시간 동안 60초, 즉 1분 늦어집니다.
- ⊙ 오후 9시 − 1분 = 오후 8시 59분

→ 고장 난 시계가 가리키는 시각: 오후 8 시 59 분

아침에 정확하던 시계가 갑자기 한 시간에 3분 10초씩 빨라지는 것을 알게 되었습니다. 정확한 시계가 오후 3시일 때 고장 난 시계를 보니 오후 3시 15분 50초를 가리키고 있었습니다. 이 시계가 고장 난 시각을 구해 보세요.

정확한 시계 3:00 고장 난 시계

- ⊙ 오후 3시에 고장 난 시계가 3시 15분 50초를 가리키므로 15분 50초가 빠릅니다.
- ⊙ 고장 난 시계는 1시간에 3분 10초씩 빨라지므로 5시간 동안 15분 50초 빨라집니다.
- ⊙ 시계가 고장 난 시각은 오후 3시에서 5시간 전인 오전 10시입니다.

→ 시계가 고장 난 시각: (오전, 오후) 10 시

72 시계 퍼즐

정답 ◎ 99쪽
07 고장 난 시계 73

Unit

08 시간 관리 | 문제 해결 |

76 ~ 77 페이지

Unit 08 01 시간 관리 ① | 문제 해결 |

다음은 축구 경기에 대한 설명입니다. 물음에 답하세요.

설명
① 축구 경기는 전반전과 후반전 45분씩 경기를 합니다.
② 전반전과 후반전 경기 사이에 15분 휴식 시간을 가집니다.

⊙ 전반전을 시작하여 후반전이 끝날 때까지 걸린 시간을 구해 보세요.

(걸린 시간) = 45분 + 15분 + 45분
= 105분 = 1시간 45분

⊙ 어느 축구 경기가 오후 10시 35분에 후반전이 끝났습니다. 이 축구 경기가 시작한 시각을 구해 보세요.

(경기가 시작한 시각) = 10시 35분 − 1시간 45분
= 9시 95분 − 1시간 45분
= 오후 8시 50분

⊙ 경기가 시작한 시각을 수직선 위에 점으로 나타내어 보세요.

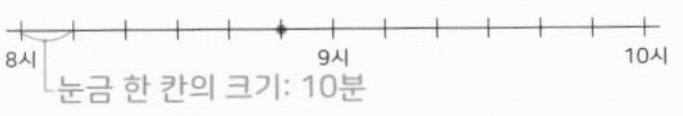

다음은 직업 체험 학습 시각을 나타낸 표입니다. 물음에 답하세요.

경찰 체험 학습이 끝나는 시각	오후 2시 15분
요리사 체험 학습이 시작하는 시각	오후 3시

⊙ 아현이는 오후 1시 30분부터 경찰 체험 학습을 했습니다. 경찰 체험 학습을 하는 데 걸린 시간은 몇 분인지 구해 보세요.

(경찰 체험 학습을 하는 데 걸린 시간)
= 2시 15분 − 1시 30분
= 45분

⊙ 아현이는 경찰 체험 학습과 요리사 체험 학습 사이에 다른 직업 체험을 1가지 더 하려고 합니다. 아현이가 할 수 있는 직업 체험 학습에 ○표 해 보세요.

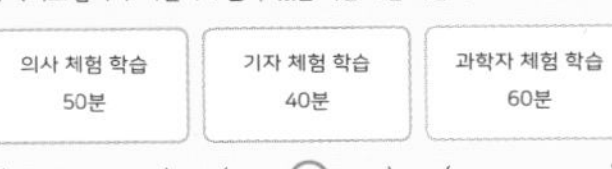

의사 체험 학습 50분
기자 체험 학습 40분
과학자 체험 학습 60분

( ) (○) ( )

(경찰 체험 학습과 요리사 체험 학습 사이의 시간)
= 3시 − 2시 15분 = 45분

정답 ◎ 100쪽

76 시계 퍼즐 08 시간 관리 77

78 ~ 79 페이지

Unit 08 02 시간 관리 ② | 문제 해결 |

서윤이는 집에서 1시간 20분 거리의 기차역에 가서 11시 8분에 출발하는 기차를 타려고 합니다. 기차가 출발하는 시각보다 15분 빨리 도착하려면 늦어도 집에서 몇 시 몇 분에 출발해야 하는지 구해 보세요.

⊙ 기차역에 도착해야 하는 시각에서부터 거꾸로 생각합니다.

⊙ 기차가 출발하는 시각보다 15분 빠른 시각은

11 시 8 분 − 15 분
= 10 시 53 분입니다.

⊙ 위 시각까지 기차역에 도착하려면 집에서 출발해야 하는 시각은

10 시 53 분 − 1 시간 20 분
= 9 시 33 분입니다.

→ 집에서 출발해야 하는 시각: 9 시 33 분

서현이는 집에서 25분 57초 거리의 병원에 가려고 합니다. 병원에 가는 길에 편의점에서 간식을 사려고 합니다. 간식을 사는 데 3분 15초가 걸린다고 할 때, 병원에 5시까지 도착하려면 늦어도 집에서 몇 시 몇 분 몇 초에 출발해야 하는지 구해 보세요.

(병원까지 가는 데 걸린 시간) + (간식을 사는 데 걸린 시간)
= 25분 57초 + 3분 15초
= 28분 72초 = 29분 12초
(병원 도착 시각) − (위에서 구한 시간)
= 5시 − 29분 12초
= 4시 59분 60초 − 29분 12초
= 4시 30분 48초

→ 집에서 출발해야 하는 시각:

4 시 30 분 48 초

정답 ◎ 100쪽

78 시계 퍼즐 08 시간 관리 79

시간 관리 ③ | 문제 해결 |

80 ~ 81 페이지

다음은 연우가 음식을 만드는 데 걸리는 시간을 나타낸 표입니다. 1시간 동안 3가지 음식을 만들려고 할 때, 만들 수 있는 경우는 모두 몇 가지인지 구하려고 합니다. 물음에 답하세요.

(단, 음식을 만드는 순서는 생각하지 않습니다.)

샌드위치	떡볶이	김치볶음밥
31분	18분 50초	19분 40초
유부초밥	김밥	계란찜
24분	28분	15분 35초

• 만드는 데 걸리는 시간이 가장 짧은 음식 2가지를 고르고, 이때 걸리는 시간을 구해 보세요.

(계란찜) + (떡볶이) = 15분 35초 + 18분 50초
= 33분 85초 = 34분 25초

• 1시간 동안 위에서 고른 음식 2가지를 만들고 남은 시간을 구해 보세요.

(남은 시간) = 60분 − 34분 25초
= 59분 60초 − 34분 25초
= 25분 35초

• 80쪽에서 구한 남은 시간 동안 만들 수 있는 음식을 모두 골라 보세요.

·남은 시간: 25분 35초
·만들 수 있는 음식: 김치볶음밥, 유부초밥

• 만드는 데 걸리는 시간이 두 번째로 짧은 음식 2가지를 고르고, 이때 걸리는 시간을 구해 보세요.

(계란찜) + (김치볶음밥) = 15분 35초 + 19분 40초
= 34분 75초 = 35분 15초

• 1시간 동안 위에서 고른 음식 2가지를 만들고 남은 시간을 구해 보세요.

(남은 시간) = 60분 − 35분 15초
= 59분 60초 − 35분 15초 = 24분 45초

• 위에서 구한 남은 시간 동안 만들 수 있는 음식을 모두 골라 보세요.

·남은 시간: 24분 45초
·만들 수 있는 음식: 떡볶이, 유부초밥

Unit 08

• 1시간 동안 3가지 음식을 만들 수 있는 경우는 모두 몇 가지인지 구해 보세요. (단, 음식을 만드는 순서는 생각하지 않습니다.)

3가지
·경우 1: 계란찜, 떡볶이, 김치볶음밥
·경우 2: 계란찜, 떡볶이, 유부초밥
·경우 3: 계란찜, 김치볶음밥, 떡볶이
·경우 4: 계란찜, 김치볶음밥, 유부초밥
경우 1과 경우 3은 같으므로 3가지입니다.

정답 ◎ 101쪽

시간 관리 ④ | 문제 해결 |

82 ~ 83 페이지

다음은 뜨거운 물에 녹차를 우릴 때 해야 할 일과 각각의 일을 하는 데 걸린 시간, 아현이가 녹차를 우린 순서를 나타낸 것입니다. 아현이의 방법으로 녹차를 우리면 16분이 걸립니다. 녹차를 최대한 빨리 우릴 수 있는 방법으로 순서를 다시 정하려고 합니다. 물음에 답하세요.

> ·녹차 우리기: 컵 씻기(1분), 뜨거운 물에 녹차 우리기(2분), 주전자 씻기(3분), 물 끓이기(10분)
> ·아현이가 녹차를 우린 순서: 주전자 씻기(3분) → 컵 씻기(1분) → 물 끓이기(10분) → 뜨거운 물에 녹차 우리기(2분) ➡ 걸린 시간: 16분

• 가장 먼저 할 일과 가장 나중에 할 일을 정해 보세요.

·가장 먼저 할 일: 주전자 씻기
·가장 나중에 할 일: 뜨거운 물에 녹차 우리기

• 한 가지 일을 하는 동안 할 수 있는 다른 일이 있는지 생각해 보세요.

물을 끓이는 동안 컵을 씻을 수 있습니다.

• 일을 최대한 빨리 처리할 수 있는 순서를 정하고, 걸린 시간을 구해 보세요.

주전자 씻기(3분) → 물 끓이기(10분) → 뜨거운 물에 녹차 우리기(2분)
↘ 컵 씻기(1분)
(걸린 시간) = 3분 + 10분 + 2분 = 15분

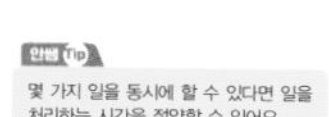

몇 가지 일을 동시에 할 수 있다면 일을 처리하는 시간을 절약할 수 있어요.

다음은 라면을 끓일 때와 계란을 삶을 때 해야 할 일과 각각의 일을 하는 데 걸린 시간을 나타낸 것입니다. 가스레인지의 구멍이 2개일 때, 라면 끓이기와 계란 삶기를 최대한 빨리 처리하는 데 걸린 시간을 구해 보세요.

> ·라면 끓이기: 라면 넣고 익히기(4분), 라면 물 끓이기(8분)
> ·계란 삶기: 계란 식히기(8분), 계란 삶기(13분)

·가장 먼저 할 일: 계란 삶기
·가장 나중에 할 일: 계란 식히기
·동시에 할 수 있는 일: 가스레인지의 구멍이 2개이므로 계란을 삶는 동안 라면 물을 끓인 후 라면을 넣고 익힐 수 있습니다.
·일의 순서:
계란 삶기(13분) → 계란 식히기(8분)
↘ 라면 물 끓이기(8분) → 라면 넣고 익히기(4분)
(걸린 시간) = 13분 + 8분 = 21분

→ 걸린 시간: 21 분

Unit 08

정답 ◎ 101쪽

퍼즐
수학 사고력
UP!
MEMO

좋은 책을 만드는 길, 독자님과 함께 하겠습니다.

안쌤의 사고력 수학 퍼즐 시계 퍼즐 <초등>

초 판 발 행	2023년 12월 05일 (인쇄 2023년 10월 31일)
발 행 인	박영일
책 임 편 집	이해욱
편 저	안쌤 영재교육연구소
편 집 진 행	이미림
표지디자인	조혜령
편집디자인	홍영란
발 행 처	(주)시대교육
공 급 처	(주)시대고시기획
출 판 등 록	제10-1521호
주 소	서울시 마포구 큰우물로 75 [도화동 538 성지 B/D] 9F
전 화	1600-3600
팩 스	02-701-8823
홈 페 이 지	www.sdedu.co.kr

I S B N	979-11-383-6193-4 (63410)
정 가	12,000원

영재교육의 모든 것!

SD에듀가 상위 1%의 학생이 되는 기적을 이루어 드립니다.

영재교육 프로그램

- ☑ 창의사고력 대비반
- ☑ 영재성검사 모의고사반
- ☑ 면접 대비반
- ☑ 과고 · 영재고 합격완성반

수강생을 위한 프리미엄 학습 지원 혜택

영재맞춤형
최신 강의 제공

영재로 가는 필독서
최신 교재 제공

핵심만 담은
최적의 커리큘럼

PC + 모바일
무제한 반복 수강

스트리밍 & 다운로드
모바일 강의 제공

쉽고 빠른 피드백
카카오톡 실시간 상담